T 文库

假装懂点伦理学

THE LITTLE BOOK OF ETHICS

[澳]彼得·萨蒙 / 著

饼干 / 译

海峡出版发行集团 THE STRAITS PUBLISHING & DISTRIBUTING GROUP | 鹭江出版社

图书在版编目（CIP）数据
假装懂点伦理学 / (澳) 彼得 · 萨蒙著 ; 饼干译.
厦门 : 鹭江出版社, 2025. 8. -- (T文库). -- ISBN
978-7-5459-2597-5
Ⅰ. B82-49
中国国家版本馆CIP数据核字第2025KQ1188号

福建省版权局著作权合同登记号 图字：13-2025-034 号

出 版 人　雷　戎
选题策划　轻读文库
责任编辑　李　杰
特约编辑　姜　文
装帧设计　马仕睿 @typo_d
美术编辑　林烨婧

关注轻读

JIAZHUANG DONGDIAN LUNLIXUE
假装懂点伦理学
[澳] 彼得 · 萨蒙　著　　饼干　译

出　　版：鹭江出版社
发　　行：鹭江出版社
　　　　　轻读文化传媒（北京）有限公司
地　　址：厦门市湖明路 22 号　　邮政编码：361004
印　　刷：河北鹏润印刷有限公司
地　　址：河北省沧州市肃宁县经济开发区宏业路北侧　　联系电话：0317-7587722
开　　本：730mm × 940mm　1/32
印　　张：4.875
字　　数：90 千字
版　　次：2025 年 8 月第 1 版　　2025 年 8 月第 1 次印刷
书　　号：ISBN 978-7-5459-2597-5
定　　价：25.00 元

客服咨询

目录

引　言

想象一下：电车正沿着轨道行驶，轨道将在不远处分岔，如果继续在这条轨道上行驶，电车将会撞上五个人。但分岔口有一个操纵杆，如果拉下它，电车就会转向另一条轨道，撞上另一个人。所以，如果你什么都不做，会有五个人死去，但这不是你造成的；如果拉下操纵杆，只有一个人会死，但那将是你的责任。对此你会怎么做？

如果心里没有答案，也不用太担心。自从美国哲学家菲利帕·福特于1967年提出“电车难题”以来，许多伟大的思想家就一直在思考这个问题，而争论还在继续。

欢迎来到伦理学的世界。其实，我们每天都身处其中。我们不断提出伦理问题：在某些情况下，什么才是正确的选择？需要根据什么来做出决定？是否就像一些哲学家所说的那样，总是有正确的选择；还是如其他人所言，并不总是有标准答案？

这本书将通过一些有史以来最伟大的思想家的观点，探讨与我们的日常生活息息相关的伦理学：从在公元前335年至前322年的某个时候写下第一本伦理学著作的亚里士多德，到研究基因工程和人工智能问题的当代哲学家。

该继续读下去吗？对于这个问题，答案就只有一个啦……

第一章

伦理学导论

在知道什么是伦理学之前，我们大多数人其实已经接触过它了。我们最初学习的许多知识都关乎好与坏、对与错。人们说，我们生来无罪，但没过多久，一大堆道德规则就来了。其中一些是国家的法律，另一些是家里的规矩（后者才让人搞不懂吧）。但历史上的一些思想家为我们解答了伦理问题。在这一章里，我们会谈到其中的几位思想家，并了解这个问题是如何在数千年的时间里发展演变的，以及它们没有选择的路径……

伦理学是什么

伦理学是哲学的重要组成部分，也是生活的重要组成部分。我们每天都面临着道德选择，它们或大或小，有些一下子就能解决，有些可能一辈子也解决不了。一些伦理问题自亚里士多德的时代就存在了，新的问题也在不断出现，困扰着哲学家、科学家、政治家，以及其他所有人！

用最简单的话来说，伦理学就是在判定什么是对的、什么是错的。同时，它也关注善与恶、美德与恶行、罪与罚。正如亚里士多德等人所说，它也关乎如何生活。比如，怎样才算一个有道德的人或者一种有道德的生活呢？反之亦然：我们如何定义一个人、一个决定、一种生活是不道德的？它们又能发生转变吗，无论是通过理性、顿悟或惩罚？

伦理、道德和礼节

“伦理学”（ethics）一词来源于古希腊单词 *ēthikós*，意思是“和某人的品格相关”。“道德”（morality）一词则来自拉丁语 *moralitas*，意思是“举止、品格、适当的行为”。“伦理”和“道德”常常可以混用，只是“伦理”通常有更严谨的哲学意义，它包括道德，也包括生物伦理学（研究克隆和基因工程等热门话题）等领域。

但并非所有伦理问题都关乎生死、人生重大抉择这样的头等大事。“礼节”（etiquette）字面上的意思就是“小伦理”，指那些我们经常要在社交场合面对的伦理问题：进别人家的时候应该脱鞋吗？收到信息后，是立马回复还是等一会儿？坐火车时，是该紧挨着那个人坐，还是隔一两个座位？不同的时代和文化中的“小伦理”也各不相同。如果我们按照路易十四时期的法国宫廷礼节来拜访邻居，那可真是不堪设想！

这是否意味着所有的“小伦理”和“大伦理”都一直在变化呢？我们会在下文了解到。对一些思想家来说，存在永恒不变的价值观。比如，一千年前，杀人是错的，现在，杀人也是错的，再过一千年，杀人还是错的。

对另一些思想家来说，伦理道德一直在变化，根本没有绝对的伦理立场。看看过去和现在有多少种不同的伦理系统，便能证明这点。而这种伦理思想是否意味着“怎么都行”，还是其中仍有一些固定的支柱呢？

伦理问题也表明，我们每个人都生活在全球性或本土性的伦理社群中。同时，我们身处许多伦理微社群（家庭、朋友圈和工作场所），而它们有各自的特点。有些在朋友面前可以做的事情，在陌生人或父母面前可能就不那么容易被接受了。

当然，最重要的是，伦理无处不在。

你会杀死一个婴儿吗

2015年10月，《纽约时报》做了一个调查，询问读者这个问题（你会杀死一个婴儿吗？）。大约42%的读者回答“会”，30%的人回答“不会”，28%的人回答“不太确定”。这一结果或许令人惊讶，不过，问题中的“婴儿”特指婴儿希特勒。如果时光倒流，能够杀死婴儿时期的阿道夫·希特勒，第二次世界大战可能永远不会发生，大屠杀也将不存在，600万犹太人也不会死。

对42%的读者来说，为了阻止大屠杀及希特勒造成的苦难，他们愿意杀死婴儿希特勒。（当然也有人说，如果有一台时光机，直接回到更远的过去，阻止希特勒的爸爸阿洛伊斯和妈妈克拉拉见面就好了。故意弄混他们约定的德国餐馆，他们就会坐在不同的地方苦等对方，盯着摇曳的烛火，然后无精打采地回到家，再次陷入感情的挫败。不过这样就不会涉及什么伦理问题了。）

当然，比起亲手杀死一个婴儿，舒舒服服地躺在沙发上说自己可以杀死一个婴儿要容易得多。这也体现了理论伦理问题和实践伦理问题的区别。理论上来讲，如果有一台时光机并知道婴儿希特勒以后会做什么，你就可以回到过去杀死他（或许能逃脱惩罚，甚至被奉为英雄）；可实际生活中，这是一个婴儿，这是一把刀，要动手吗？重要的是要记住，旁观一个伦理问题远比在自己的实际生活中去解决它容易得多。

除此之外，伦理学中有许多旨在厘清我们的伦理立场的思想实验。有时，层层设问会将我们带往并不想去的地方，甚至让我们自己都感到惊讶。参与调查前，42%的读者不太可能认为自己会杀死一个婴儿。然而，他们的价值体系使他们得出这样的结论，即一个死去的婴儿总比一个活着的阿道夫·希特勒要好。

有答案吗

一些宗教自认为对伦理问题有明确的答案；部分哲学家也这么认为，比如，18世纪的德国思想家伊曼努尔·康德。但总的来说，我们知道，在很多情况下，决定什么是对的、什么是错的并不太容易。有时候，我们必须在两件我们认为正确的事情中做出选择；有时候我们则不得不在两件错误的事情中抉择。

哲学家能帮助我们做出正确的选择吗？和许多伦理问题一样，这个问题的答案仍然是“能，也不能”。很少有伦理问题能得出适用于任何时间、地点和情况的标准答案。但是，通过探索一些最伟大的思想家关于伦理学的观点和著作，我们或许会找到看待那些难题的新视角。即使我们无法找到答案，也能提出更新、更好的问题。而在提出这些问题的过程中，你可能发现自己对一些最重要的命题有了更新、更富创造力的答案。

为什么要学伦理学

如果这么多伦理问题的答案都是“是，又不是”，甚至“可能吧”或者“我真的不知道”，那为什么要学伦理学呢？把时间花在更能产出结果的追求和有解决办法的问题上不是更好吗？

当然，这本身就是一个伦理问题：我们该做什么才能使我们自身或者社会受益？我们该怎么做才会拥有最充实的人生，找到一种能为自己骄傲，或者至少感到满足、不对自己失望的方式？还有，什么才是“更能产出结果的追求”和“有解决办法的问题”呢？科学似乎旨在提供解法，但也被一种不断推翻上一个解法的欲望推动着。

或许我们能从伦理学中学到的第一课就是“模糊性”：我们需要对并非唯一的答案和解读保持开放态度。而这不是系统的错误，它就是系统本身。“标准答案”在不断变化，伦理学让我们明白了这一点。

道德伪善

几年前，澳大利亚哲学家彼得·辛格向学生提出了一个思想实验：想象你正穿着一套新买的昂贵西装或裙子走路，兜里揣着手机。这时，你看到了一个溺水的孩子，如果一头扎进水里，就会毁了一身的行头。那你觉得应该跳下去救那个孩子吗？

辛格的学生异口同声地说“会”。当然，一个孩子的生命远比任何东西都重要。

辛格接着问道：如果这个孩子生活在一个遥远的国家呢？我们都见过爱心捐赠广告，上面说一小笔捐款（通常比买一件新衣服或一部新手机的花费更少）就能挽救一个孩子的生命。而这和溺水的情景有什么区别呢？如果我们知道这笔钱可以救一个孩子，那么当决定把它花在衣服或电子设备上时，就等同于选择让孩子淹死。应该没有人会想说道德会因远近不同而产生变化吧。

辛格认为这是一个道德伪善的例子。我们知道，每隔几秒钟，世界上就有一名儿童死于可避免的因素，比如，食物短缺或可治愈的疾病。只要捐出一小笔钱，我们就可以挽救这条生命。但我们没有。

按照这个逻辑，或许我们也可以说，我们购买的每一项非必需品或服务，比如，理发、甜甜圈、咖啡、一本新书或付费歌曲、鲜花或汽车，都是以一个甚至数百个孩子的生命为代价的。

辛格的思想实验并不是为了判断对方有多善良（事实上，大家都会愿意下水救那个孩子）。它的目的是表明诸如“我会在自身付出很小代价的情况下救一个孩子”的道德立场是不太经得起考验的。

2021年，辛格因在伦理学领域的毕生贡献获得博古睿哲学与文化奖。这是哲学界最负盛名的奖项，奖金高达100万美元。

获奖后，辛格立即把钱捐给了慈善机构。

立足本土，放眼全球

从上一节中，我们学到的一点是：可以像彼得·辛格一样，通过学习伦理学赢得100万美元！但因为每年只有一位哲学家获博古睿奖，所以我们可能得把这个念头先放一放。

更重要的是，辛格提出的问题将我们从本土（一个就在眼前的溺水的孩子）带往全球，提出关于道德责任、政治和金钱的问题。我们从未有机会接触到这么多关于整个世界的信息，或者像辛格所说的那样，对这么多人负有道德责任。我们该从中接受和拒绝多少，又该持什么态度？这些都是宏大又个人的问题，使我们摸不着头脑。该从哪里开始呢？

即使无法找到答案，也能提出正确的问题，这是伦理学告诉我们的。如果说哲学有什么超能力，那这就是了。哲学就是寻找新问题和看待事物的新方法。辛格本可以直接呼吁我们给慈善机构捐更多钱，但是他提出了一个新的问题，让我们深刻思索自己的道德观念。

伦理学开端

当西方哲学家谈到伦理学的开端，往往会提到亚里士多德的作品，特别是他那本写于公元前335年至前322年的《尼各马可伦理学》。人们普遍认为书名取自他儿子的名字尼各马可，这本书就是献给他的。我们大概也能猜到这本书讲的是什么了。亚里士多德的早期著作《政治学》关乎社会的善好，即立法者该怎样实现所有人的利益；《尼各马可伦理学》则探讨个人该如何生活。毫无疑问，亚里士多德很希望尼各马可能过上善好的人生（亚里士多德版的“一屋不扫，何以扫天下”）。来自父亲的忠告写了十卷、好几百页，这可能对尼各马可来说不是件好事，但是对西方哲学史来说是一大幸事。我们仍能在其中发现不少在今天同样困扰着我们的道德问题。

为了理解亚里士多德为什么要写这本书，我们有必要简单回顾一下他所在的社会。为什么古希腊人需要一本关于如何生活的教科书？直接去做不就好了吗？

不只是希腊

亚里士多德生活在政治剧烈变革与动荡的时代，古希腊城邦卷入越来越多的战争中。亚里士多德是柏拉图的学生，柏拉图是苏格拉底的学生，后者曾是战士及战争英雄。战争时期往往是道德问题更加不确定的时期——我应该参与战争吗？什么是勇气？什么是敌人？

但那也是一个与其他文化有着更多和平交往的时代。柏拉图本人就曾在现在的意大利生活过，当时的古希腊人也与其他社会贸易频繁。众所周知，认识另一种文化，就是认识另一种生活方式、法律和道德体系。当然，所有人类社会都有自己的伦理体系。而当时的希腊人就像辛格口中的我们一样，本土化和全球化相互碰撞、共同发展。因为需要提出关于自身和其他文化的理论，古希腊孕育了哲学的大繁荣。

其实，“理论”（theory）一词来自希腊语 *theōros*，意思是“观众”，“剧院”（theatre）一词也源于此。在这座观察不断变化的世界的剧院里，古希腊人坐上了最佳观赏位置。

幸福论

亚里士多德伦理学中的关键词是*eudaimonia*，意思是快乐、幸福或繁荣。亚里士多德认为，这是所有人类生活的最终目标。这是善的，也是好的。

现在，我们可能会说幸福是手边就有一块巧克力蛋糕，但这不是亚里士多德的意思。他试图回答一个问题——“什么是好的？”并认为人们会认为许多事物都是好的，比如，朋友、快乐、健康，当然还有巧克力蛋糕。但哪一种是最理想的呢？是否存在一种“最高善”，它不仅是达到目的的手段（比如蛋糕），而且就是目的本身？

对亚里士多德来说，最高善有三个特征：它本身就是可贵的；它不因万物而贵；万物却因它而贵。万物向善，这就是幸福论。秉持幸福论的人言行举止合乎道德，而幸福论哲学家的任务就是引领我们走向幸福。对亚里士多德来说，这意味着传授理性，因为他认为理性是人类独有的东西。你觉得呢？

古老的信仰

对德国哲学家卡尔·雅斯贝尔斯来说，亚里士多德（还有苏格拉底和柏拉图）生活在“轴心时代”（集中在约公元前600—前400年）。当时，需要面对新世界并提出了新伦理体系的，并非只有古希腊人。

差不多在同一时间，中国的大思想家老子和孔子开始创立中国的哲学，印度教的奠基之作《奥义书》也即将诞生。佛陀说，欲望是一切痛苦的根源，我们应该努力斩断它。几百年前，在中东某地，犹太教先知在“十诫”中立法，写下“上帝选民”被允许和禁止做什么；同样在中东，查拉图斯特拉的追随者称世上一切都是善恶斗争的一部分。在这场盛大的伦理学戏剧中，似乎每个人都既是观众，又是演员。

从那时起，宗教和伦理就变得密不可分。它们都将我们指向某种生活方式并给出如此生活的理由。有时，这省去了我们自己做决定的力气；有时，这也让问题变得更复杂。但对许多人来说，没有宗教也就没有伦理，现在我们很难将二者分开。

然而，信徒也面临着伦理立场上的困境。信仰这个或那个神并不意味着认同教义规定的伦理立场，这对任何宗教的信仰者来说可能都是一场旷日持久的斗争。有时个人被迫（或主动选择）让步，有时宗教信仰被迫（或主动选择）变得更灵活，但这从来都不像线性发展那么简单。在宗教趋于严格的某些时候，信徒不得不面临更新或更多的伦理困境。

另一方面，宗教也可能提供道德框架来帮助信仰者处理自己的问题。它通过或令人确定或引人怀疑或表明这些困境一直伴随着我们的方式，做到了这一点。

“地狱”里的亚里士多德

任何有关伦理学的历史都会提到它在中世纪的大繁荣。只不过，这是由基督教和伊斯兰教共同推动的结果。当时，古希腊哲学首次被翻译为其他语言，人们也开始将它融入宗教框架。不管怎样，两派信徒都为柏拉图和亚里士多德感到难过。因为出生在“真正的宗教”降临之前，他们可能还在“地狱”里受苦。

这一尝试可能是无与伦比的，也可能很乏味，或者……乏味无比。托马斯·阿奎那写于1274年的《神学大全》有180万字，而且还没写完！波斯哲学家安萨里的代表作《哲学家的矛盾》（*The Incoherence of the Philosophers*）倒是写完了，但也有人不同意这种观点，比如伊斯兰哲学家伊本·路世德。他写了一本20万字的妙趣横生的《哲学家的矛盾的矛盾》（*The Incoherence of the Incoherence*）作为回应。

无论中世纪那些不搞哲学的人在搞什么，哲学都需要新面貌。这时，一个来自德国柯尼斯堡的过分讲究的家伙登场了。在其80年的人生中，他从未离开过那座城市。由于每天散步十分准时，当地人甚至都根据他出门的时间来校准时间。

沉重的义务

伊曼努尔·康德被许多人视为赋予伦理学现代意义的思想家。他很严格。对康德来说，一天只有一次散步，面对伦理问题时也只有一个选择。如果偷东西是错的，那么无论在什么情况下偷东西都是错的。穷人在富人根本不会在意的情况下偷面包给孩子吃，和富人偷穷人的东西一样不道德。

这便是道义论（deontology），*deon* 在希腊语中是“义务”的意思。无论在什么情况下，也无论结果如何，道德义务都有同等的约束力。杀人永远是错误的，无论是为了救五个人而杀掉一个人，还是为了拯救600万人而杀死婴儿希特勒。

我们会在“道义论”那章再谈到康德。不过，他的伦理立场很快受到了挑战。有人认为行为的结果不仅重要，还是做出道德选择时最重要的考虑因素。这就是结果论。

没错，但是……

结果论认为，一个人的行为应该根据其后果来评判。我们也会在“结果论”一章详细讨论。结果论的伦理立场可以简单概括为“最大多数的人的最大幸福”。以导论中的电车难题为例，对结果论来说，如果在康德看来“错误”的行为（主动杀死一个人来救五个人）能减少不幸，那么我们就应该做“错误”的事——改变电车的方向，让更少的人死去。

道义论和结果论都是伦理学的经典理论，它们至今仍在引发讨论。我们将看到，两种理论各有其优缺点，也都仍适用于当下。

但是，还有一个人觉得所有伦理体系都有个根本性的问题：它们似乎存在于真空地带，脱离于具体的时间和地点，以及它们自身的历史。他叫弗里德里希·尼采，或者用他自己的话来说，“我是炸药！”

善恶之外

弗里德里希·尼采生于1844年，死于1900年，他在精神病院度过了生命中的最后十年。他写的书通常只能卖几百本，却永远地改变了哲学。

就伦理学而言，尼采认为我们的道德体系，用现在的话来说，是“因地制宜，因时而异”的。它既从属于我们的文化，又有自身的历史。他认为绝对的道德观念并不存在。你的道德观念和卡拉哈里沙漠的布须曼人不一样，也和因纽特老奶奶不同，这并不是因为你是对的、他们是错的（反之亦然），而是各个文化觉得有价值、最重要或所实践的道德观念并不相同。尼采呼吁“重估一切价值”。“我们需要，”他写道，“了解这些价值观产生、发展与演变的条件和情境。”对种族、性别等议题的研究者来说，这引发了严肃的讨论：我们的道德体系真的具有价值吗？还是说，它们只是在为现有的状况提供说辞？

美德

尼采对传统道德的攻击也让伦理学在某种意义上回到原点。20世纪，一群颇具影响力的女性哲学家将亚里士多德的“幸福论”（由有德行的生活带来的幸福）与“实践智慧”（在特定情况下该做什么的实践性学习）结合起来。这一名为“美德伦理学”的思想体系在现代的复兴，可以追溯到伊丽莎白·安斯康姆于1958年发表的文章《现代道德哲学》（*Modern Moral Philosophy*）。

在亚里士多德的时代，“生活”很复杂，现在也是。我们和他一样面临本土性和全球性的道德困境。我们需要和其他文化交往，被排除在外的人希望被接纳，性别和种族问题的情况不断变化。

和亚里士多德一样，我们也生活在一个医学飞速发展的时代，伦理体系的界限面临挑战。许多人也认为我们正处于重大的时刻，就像被包围的帝国一样。尽管亚里士多德应该没听说过气候变化，但他知道什么是战争。

过去是这样，现在也是这样。我们该如何生活？

第二章

道德推理

提起伦理学，我们往往会想到自己在日常生活中做出的决定。我们大都会自认为是“有道德”的人，而“有道德”意味着做正确的事。不过，做决定往往并不简单，我们常常也并不清楚什么是正确的选择。有时我们得在两件好事之间做选择，有时得在两件坏事中选一个。

这就是“道德推理”，即运用理性找到“最佳”选择。这能行得通吗？如果不能，又是为什么呢？

选择

第二次世界大战期间，哲学家让－保罗·萨特的一个学生带着自己的道德困境找上门来。他想知道自己是该留在依靠他的母亲身边，还是加入“自由法国”，为打败当时占领巴黎的德军尽绵薄之力。萨特的名言广为人知：我们注定拥有自由意志，我们总是要对自己的选择负责。他的学生应该做出怎样的选择？

我们每天都要面对这类问题。它们很少是这么极端的情况，但往往都同样糟心。有时候，无论做了什么选择，我们都觉得自己做错了。对萨特的学生来说，如果留在母亲身边，他便做了对母亲来说正确的事，但也就无法参与抵抗压迫者的战争（而他们可能会在未来伤害母亲）；如果参军，他可能会帮助祖国赢得战争（也可能不会），但母亲便会孤身一人。

这是一个可以通过推理来解决的问题吗？

什么是推理

推理不同于想法。如果你在心里想“我想要一个三明治”，那这不是推理。尽管对于推理的定义存在一些争议，但大多数哲学家认为推理是一种特定的逻辑思维。推理收集并权衡事实，过程清晰冷静，而非基于欲望、偏见或直觉。

但是，在接受推理基于逻辑后，还有其他的事情要考虑。例如，我们做道德选择时，需要考虑哪些因素与该决定相关。在萨特学生的例子中，萨特指出，这名学生的兄弟最近在参与“自由法国”运动时牺牲了，学生现在的动机之一便是复仇。这也是与他做决定相关的因素吗？

也许他的母亲，出于这个或其他原因，非常希望儿子去战斗。这一点需要被纳入考虑吗？而无论母亲态度如何，她在客观上都是需要被照顾的对象。

冷冰冰的逻辑

一种观点认为“复仇”不应该成为道德推理的一部分。复仇是一种情绪反应，道德推理则基于事实，而非感情。无论儿子想参军保卫祖国，还是不想参军而去照顾母亲，事实都是一样的。就算母亲自己同意他去，甚至恳求他去，也不会改变什么。

对此，也可能会有人说，保卫祖国的冲动也是基于情绪而非逻辑的。假设学生在战前并没有多爱自己的国家，那么他最近才有的想要保护它的愿望可能和他为兄弟复仇的愿望一样，只是一种情绪。

在历史上的许多时期和不同文化中，为家族复仇以及爱国主义的观念是完全合乎逻辑且必然的。或许在战争时期，它们都会变成必然且合理的观念，即便是在先前它们并非道德规范的地方。那这是儿子做决定需要考量的又一个因素吗？

义务

我们假设萨特的学生认为，复仇在这件事中是不相关的因素。他决定，任何他认为“情绪化”的因素都不应该被考虑在内，包括不参战可能带来的羞耻感，以及来自法国同胞和母亲的怨恨，但他试图严格地运用道德推理，因此接受了这些可能。

然而，他仍然处于困境之中，每种选择似乎都好坏参半。一个问题是，所谓好坏是与决策本身相关，还是与结果相关。于前者而言，参战的义务与保护母亲的义务直接冲突。或许有人会说，参战在某种意义上也是在保护他的母亲，许多选择参战的人无疑也这样认为。但这一观点取决于一个可能发生也可能不发生的结果，它与义务无关。

正如我们将看到的，抛开结果来判断一个道德决定是对是错，是伦理学的一种思维模式。

无关义务

另一种判断道德决定是对是错的方法是只关注其后果。毫无疑问，在最理想的情况下，学生希望保卫自己的国家，同时也让母亲（应该也包括他自己）活着。那么另一种对这一困境进行道德推理的方法，便是找出最可能实现其中两个或所有目标的行动方案。

当然，最麻烦的地方就在于萨特的学生无法确定采取的行动是否会带来想要的结果。举个简单的例子，也许他选择参军保卫祖国，但法国输了，甚至他自己也丧了命。随后，母亲迎来了悲惨的结局。或者，他选择留在母亲身边，法国获胜，但母亲还是去世了（或被杀）。有许多这样的排列组合，其中一些可能会达成他的部分目标，另一些可能什么也达不到。

于是，道德推理还可能诉诸另一种因素，即经验。在做出道德选择时，我们会努力从自己或他人的生活中寻找例子来帮助我们做出决定。

归纳问题

经验对道德推理有多大帮助？在生活的某些方面，经验似乎非常有用。如果你摸了三次烤盘，每次都被烫伤，那么很有可能你摸第四次时也会被烫伤。但即便是对于这种情况，也存在不确定性。“归纳问题”在18世纪由英国哲学家大卫·休谟首次提出，是哲学中的重要问题。

休谟让我们想象一个台球撞击另一个台球的情况。如果我们连着1000次看到第二个球产生了移动，我们能绝对肯定地说它在第1001次也会移动吗？那第一百万次、第一百万零一次呢？对休谟来说，即使是在这样一个简单可控的实验中，因果关系也永远不可能被确立。我们也当然不能“绝对肯定”地得出结论，称一定不存在其他的可能。

当涉及伦理问题中的经验时，事情就更加模糊了。

生活实验

一般来说，我们相信，随着经验的累积，我们会更擅长道德推理，也会做出更好的道德选择。我们每个人都希望自己能（至少在大多数情况下）比一个4岁小孩做出更好的伦理决定。

但具体情况更为复杂。英国哲学家约翰·斯图亚特·密尔说过，我们每个人都在进行“生活实验”。也就是说，我们面对的每一种情况都有细微或明显的不同，就完全相同的问题做出道德决定的情况非常少见。（不过，在电影《土拨鼠之日》中，主角菲尔真的需要每天就同样的道德问题做出决定，他也渐渐找到了那个正确的选择，这也是电影颇具感染力的原因之一。）

拿“我应该撒谎还是说实话”这个问题举例吧。总的来说，有强有力（尽管并非绝对）的理由可以证明说实话往往“更好”，如果仅从结果方面考虑的话。正如19世纪作家沃尔特·司各特所写：“啊，当我们第一次尝试欺骗时，编织了一张多么复杂的网啊！”

但是，编织一张复杂的网当然是可能的。有时候，先不论我们撒的谎具体是什么，我们还真侥幸逃脱了。而如果这比被揭穿还能带来（对自己和他人都）更好的结果，可以说我们做了正确的选择吗？

这就引出了我们熟悉的“善意的谎言”。这个短语最早出现在1741年版的《绅士杂志》（*The Gentlemen's Magazine*）上，尽管描述发生了变化，但意思是一样的：“善意的谎言不以损害任何人的财富、利益或声誉为目的，只是为了满足多嘴之快。”

当你告诉别人他们那身衣服很好看，或者新发型很适合他们时，你到底有多“多嘴”，取决于大家的观点。但如果这让他们感觉良好（同时也不会损害他们的财富、利益或声誉），那你做的就是对的吗？是合乎道德的吗？二者一样吗？如果不一样，那又意味着什么？

道德相对主义

我们会慢慢发现，道德推理这个决策系统并不像最初看上去那样清晰。我们谈到，义务可能是影响选择的主要因素，尽管可能相互冲突。也有可能，行为的结果才是最重要的因素。在结果论和道义论的章节中，我们将再次谈到这两种伦理学的思维模式。

在伦理学中，还有一种广受认可的思维模式，那就是道德相对主义。一个道德相对主义者会说，这世上没有普遍或绝对的道德原则。或者说，道德原则都是被文化创造，且特定于不同文化环境的。在这种情况下，这位纠结是否参战的学生应该去做对他所在的社会而言最好的事情，即如果他所在的社会认为英勇作战比保护母亲更重要，那么他就应该选择前者。

道德相对主义者还可能会说，我们做出道德决定时，应该具体情况具体分析。即某些时候，对于某些决定，我们应该根据义务做出选择，有时则根据结果，有时是两者兼有，这是不是更接近我们实际生活中的情况？

文化相对主义

作为道德相对主义的一个分支，文化相对主义通常被认为起源于尼采的“道德均有其历史”的观点，也因此而得名。文化相对主义认为，道德标准由文化定义，几乎没有道德观念是普世性的。尊重或诚实等道德观看似普世，但可能只是巧合。毕竟，所有文化都有相似的基本需求（食物、住所和群居等），于是便孕育出了相似的价值观。

极端的文化相对主义认为，我们无法对其他文化做出道德判断。比如，某种文化不允许女性接受教育，这在道德上或许令人反感；而在另一种文化中，吃牛肉也令人反感。这两种文化下的大多数人往往都认为自己的道德观念再正常不过，而另一种文化的道德观念则是错误（且由文化建构）的。

我们应该接受其他文化的价值观吗？他们应该接受我们的吗？彼此之间如何和平共处？

谁的道德？

当某种文化规范与我们自身的文化观念相去甚远，甚至让我们觉得应该叫停时，我们就可能会对“和平共处”的想法感到厌恶。一些文化实行女性割礼，根据世界卫生组织的统计，如今有2亿多妇女和女童接受了这一手术。在不实行女性割礼的国家，即使是最极端的文化相对主义者，也很难以文化不同为缘由为这一做法辩护。

然而，在另一个极端，一种强有力的观点认为，强加外部的道德观念也是错误的。在人类历史上，因一种文化试图将自己的道德立场强加给拥有不同道德立场的文化而出现的流血事件不在少数。萨特学生做决定的考虑因素之一，可能是他并不想让纳粹将其种族主义价值观强加给法国。或许对他来说，基于种族或民族的杀戮在道德上是绝对错误的。

而这又让我们回到了相关性的概念。

恐惧的理由

说到这里，我们应该能看到，道德推理是帮助判断特定情况下该做什么的强大工具，但并非万能钥匙。在每个决策中，很难找出哪些因素是相关的，也很难按照重要性对它们进行排序。来自其他道德困境的经验可能有用，也可能没用。如果社会的文化规范是人为和相对的，我们可能也无法向它们寻求帮助。

但道德推理中还可能存在另一种谬误，我们的老朋友大卫·休谟或许是最早发现这一谬误的人。之前，我们讨论过在决策中剔除情感的做法。面临道德困境时，我们往往也会试着退一步，理性地考虑问题。但如果我们只是“自以为”剔除了情绪呢？如果道德推理只不过是“感情用事”呢？

一块蛋糕，以及吃掉它

在休谟的著名论述中，理性并不是某项独立的才能，而是“激情的奴隶”。无论我们多么相信自己的道德判断是基于对客观条件的理性评估做出的，事实都并非如此。相反，它们由休谟所说的“道德情感”驱动——我们认为某件事是好的，并非出于理性，而是因为我们喜欢或者支持它；觉得某件事不好，是因为我们不喜欢它。接下来，我们就会将自己的情感态度“改造”为在他人甚至自己看来也合情合理的论据。

减肥的例子便可以证明这一点。假设我们已经下定了决心要减肥，或许不久之后便会用一个“合理”的理由来打破它。比如，这可是朋友的婚礼呀，不吃可不太礼貌。而且我一开始只打算吃一块，然而接着就会想：已经吃了一块，再吃一块也没什么大不了吧？每次“破戒”，我们都能找到一个理由。只有在极少数的情况下我们才会承认，是因为自己很想吃才这么做的。

休谟认为我们的道德决策都是如此。

嘘！耶！

在休谟看来，萨特的学生可能会为参战与否纠结很久，但最终，他会选择自己更喜欢的那一边，并向自己和他人解释背后的理由。我们假设他发自内心害怕打仗，于是，留在家里一下子就比离开妈妈看上去更有道理了；或者他真心想为死去的哥哥报仇，那么反之亦然。

在20世纪，这一观点名为“情绪主义”。它还有个更简明的名字，叫“嘘声—欢呼”理论（“boo-yay” theory）。该观点认为，“为饥饿者提供食物是一种道德责任”的道德立场对应的是“为饥饿者提供食物万岁”（欢呼），而“杀害小狗是错误的”对应“杀害小狗者该死”（嘘声）。我们建立了一整套伦理体系来为自身的好恶背书，社会也是如此。

我们会看到，情绪主义引发了20世纪伦理学中的许多问题，而美德伦理学会对此做出回应。我们将在“美德伦理学”一章中详细讨论这点。

确认偏误

对我们大多数人来说，情绪主义好像不太对。至少还是有某种程度上的道德能动性存在吧？然而，休谟会说："你当然会这么觉得，这正是我想说的。我整套理论的重点就在于，人类被骗了，误以为自己是理性的。"

当代心理学的某些观点非常接近情绪主义：我们是由一系列的欲望和需求组成并将其合理化的存在。

以"确认偏误"为例，这个词由英国心理学家彼得·华生创造，指人们倾向于偏袒符合或加强自身观点或价值观的信息。如果你认为持有枪支是对的，你就会寻找那些强化该观点的新闻和叙事，而忽略其他信息。这往往是下意识的行为，会在我们完全没有意识到的情况下发生。也许做出道德判断的过程也和这很像吧？

萨特的学生得穿过重重障碍才能做出决定。而一旦做出决定，我们就进入了一个新的伦理学领域，即道德责任。

第三章

道德责任

情绪主义的一个问题（尽管并不一定构成反对它的理由）是它剥夺了我们的道德能动性。我们希望，自己做出的决定是有意识地运用理性的结果。不过，做决定时，我们不仅有道德能动性，哲学家和法律体系认为，我们还负有道德责任。

道德责任是什么意思，它和自由意志又有什么关系？在某些情况下，运气也会影响我们的道德责任吗？

什么是道德责任

在道德实践和人际交往中，我们经常需要判断一个人是否对自己的行为负有道德责任，并确保他人或我们自己为相应的行为和后果负责。人要为自己的行为承担道德责任，我们已经习惯了这点，也很难想象一个不这样做的社会。根据人们在特定情境下的行为表现，我们也习惯于给予相应的赞扬或谴责。

我们通常认为谋杀者应当承担法律责任、受到惩罚，尽管对惩罚的严厉程度可能持不同看法。随后我们也会谈到，人们认为某些谋杀行为比其他谋杀行为更恶劣，惩罚也应有所不同；但这并不是一种普遍的看法，对复仇的态度也反反复复。不过，谋杀行为似乎超越了道德体系，它适用于任何人，甚至在战争中也是如此。即使在战争这种特殊情况下，我们也负有道德责任。

想象一下：场景一

在一个车辆靠左行驶的国家，一位女士开车在交通繁忙的道路上行驶。她停了下来，准备右转，对面驶来的车也停了下来，车上的男司机友好地向她挥了挥手，请她先右转。她挥手以示感谢，右转——撞上了骑自行车的少年，少年刚从男司机的车旁驶过。从撞击力度来看，少年显然已经死亡。警察和救护车到达现场，撞倒少年的司机和停车挥手让她先走的司机都被警察带走接受调查。

为什么他们会被调查？这只是一起可怕的意外，应该没有人需要负责吧？而调查就是为了找出谁在道德和法律上负有责任。从某种意义上说，“交通意外”的说法并不成立，因为在意外中，没有任何人做错任何事。这就是为什么现在更常用“碰撞”一词形容这种情况。

事实上，如果警察说：“噢，这是一场意外，是吗？没关系，你走吧。”我们大概都会感到愤慨，因为我们认为有人需要对此负责。

血液里的酒精含量

对于开车撞上少年的女士和挥手让她通过的司机，警方会在第一时间做一件事，即对两人进行呼气式酒精检测，以确定是否有人喝了酒。为什么？因为在酒精浓度超过一定标准时开车是违法的。为什么？大量测试证明，如果超过了这一标准，司机的驾驶技能会下降，并对其他道路使用者构成危险。（事实上，只要饮酒就会影响驾驶。法律上的标准既基于科学研究，也基于社会文化。如果将标准制定为0mg/100ml，恐怕社会大众不会接受。）

所以，酒精测试只有一个目的：判断司机是否醉酒，如果是，司机将负有更大的道德责任。少年的死亡是无法改变的事实，但是如果司机没有通过酒精测试，将承担更大的责任；如果被起诉，也将会面临更长的刑期。如果司机当时喝了酒，也更有可能因导致少年死亡而被起诉。

如果司机拒绝酒精测试呢？

危险驾驶

在大多数有酒驾法律的国家，如果拒绝做呼气式酒精检测，就必须接受血检或尿检。如果再次拒绝，可能会因此被捕。为什么？因为我们希望人们承担道德责任。拒绝呼气式检测意味着这个人知道自己的血液酒精含量超标，并且不愿承担责任，希望能逃脱惩罚。

如果撞倒少年的司机被查出血液酒精含量超标，那么根据法律，她将负有更大的道德责任，我们可能会发现自己对她的同情逐渐消失。读数越高，道德责任越大，惩罚力度越大，我们的同情就越少。在我们以及法律的眼中，这起事故已从一次不幸的意外变为一起谋杀。

但为什么另一个司机也要接受酒精测试呢？

承担道德责任

或许，我们的第一反应是，另一辆车的司机对少年的死亡并不负有任何道德责任。毕竟，他只是在表示友好，他的行为也是善意的，我们每个人都会乐意做这样的事情。少年恰巧从他左边经过，这不是他的错。

然而，根据法律，这是他的错。制定交通法规是有原因的：它能尽可能地减少碰撞，并保持道路畅通。交通法规承担了保证道路使用者安全的道德责任。如果我们在遵守交规时发生了碰撞，那便是规则的错（或者制定规则的人的错）。

通过选择按照自己的规则驾驶（即使这些规则出于礼貌和善意），这位司机便选择了自行承担相应的道德责任。如果他不想为发生的事情负责，就不应该这样做。他应该检查一下道路是否畅通，再让女士右转。也就是说，在这种情况下，他选择了自行为她和其他道路使用者的安全负责。

法外之徒

那么，谁该为少年的死负责呢？总的来说，两个司机都有责任。根据情况的不同，当事人将承担不同程度的责任。如果女子没有喝酒，男子的酒精检测结果却远超标准呢？突然间，那个善意之举就变成醉汉的愚蠢行径了。如果骑自行车的少年喝了酒呢，这会改变整件事在法律和道德上的意义吗？

或者，如果把骑自行车的少年换成骑摩托车的成年男子呢？或许他超速了，又或许没有呢？如果是骑摩托车的男人被撞，我们对他的同情会少一些吗？为什么？这又会影响我们对另外两名司机的态度吗？

虽然道德责任和法律责任并不总是一致的，但许多法律试图做到这一点。这就是为什么有那么多法律试图让人们对自己的行为负责，无论是车辆碰撞，还是违法建造。这也是为什么有那么多律师致力于为他们的客户开脱责任！

道德能动性

在定义道德责任时，我们应该明确究竟什么叫某人需要对某事负责。当我们这样说时，意思是该行为人具有一定的能力，而发生的事件是他们使用这些能力的结果。我们通常认为，正常的成年人拥有这些能力，而年龄非常小的孩子、动物和患有严重精神疾病的人群则缺少这些能力。

当然，这个定义的方方面面都有待商榷。什么是“正常”？人类和动物之间的界限有那么明显吗？孩子的年龄得有多小？谋杀罪的最低责任年龄应该是多少？精神疾病需要有多严重？

这些问题的答案都与道德能动性相关。如果一个人能控制自己的行为并理解可能的后果，他就能对自己的行为负责。这又是什么意思呢？

减轻责任

在给事物下定义时，我们往往可以通过看它不是什么的方式来知道它究竟是什么。

让我们来看看最后一种例外，即严重的精神疾病。如果一个患有认知功能障碍的人杀死了自己的伴侣，却对此没有任何记忆，我们通常会认为他负有更少的道德责任，甚至根本不用负责。

法律对此有一个术语，即减轻责任原则，适用于长期疾病（认知功能障碍或先天性疾病）患者。在这种情况下，行为人无法认识到自身的行为可能造成的后果。

但减轻责任原则也适用于“精神错乱”的辩护。如果一起谋杀案的被告辩称自己在犯罪时正处于精神障碍中，这意味着他在当时无法辨别是非，缺乏理解自己行为后果的能力。

想到我们常说“任何杀人犯都在做只有疯子才会做的事情”，这就变得有些棘手了……

没有减轻的责任

因此，如果一个人能辨别是非并理解自身行为的后果，那么我们就可以说其具有道德能动性且可以承担道德责任。

这就解释了为什么动物和幼童不是道德主体。如果一只狗咬了你，你可能会对它产生敌意、反击，甚至可能坚持自己的权利并要求将它安乐死，但无论你觉得动物多么有人性，也不太可能真的觉得它应对此负有道德责任。最近，美国的一个六岁男孩枪杀了他的老师，但即使是对此最为愤怒的人也没有要求判处该男孩无期徒刑或死刑，因为一个六岁男孩不可能像成年人那样知道自己在做什么。

如果我们将第一段的内容作为对道德责任的有效定义，那就不难猜到哲学家在道德责任问题上集中发力的领域了，那就是有关自由意志和决定论的问题。

是否理性

从哲学诞生，或者从思维诞生时起，有关自由意志和决定论的问题就一直伴随着我们：我们能在多大程度上控制自己的行为？在多大程度上拥有选择？我们的选择又在哪些方面受到了限制？

用大白话来讲，拥有道德能动性意味着行为人这样做是“出于自己的自由意志”，这也是我们大多数人对自由意志的基本理解。但在哲学史和伦理学史上，有关这里的“自由”到底意味着什么的争论一直很激烈，并且延续至今，尽管讨论的战场经常发生变化。

亚里士多德认为，与“非理性主体”不同，人类拥有做出或者不做出某行动的能力。事实上，亚里士多德甚至将做出理性行动的能力作为对人之为人的定义。但当我们认为自己正在作为自由且理性的主体而做出行动时，有多少真的是自由而理性的主体所做出的行动呢？

决定论

决定论的基本定义是，包括人类行为在内的所有事件，最终都是由意志之外的原因决定的。意志之外的原因即先前就存在的原因，独立于我们所能做的任何事情。

西方决定论中的主角自然就是上帝。一些决定论认为，上帝从创世的那一刻起就知道未来会发生的所有事情。用莎士比亚的话来说，我们或许“在舞台上昂首阔步、焦躁不安”，但最终所做的一切都不会改变上帝的计划。在另一些决定论的世界观中，上帝的介入更加频繁。从你正在读的这本书到一只蝴蝶扇动翅膀，世界上发生的每一件事都是由上帝指引的。在第三种观点中，上帝对宇宙的设计是如此精妙，以至于他只需按下开始按钮，然后坐在一旁观看就行了。就像多米诺骨牌一样，碰倒第一张牌意味着最后一张必然也会倒下。

我们即将看到，最后一种观点和17世纪哲学家勒内·笛卡尔的想法很接近。

钟表匠

“宇宙是一台按照固定法则运转的巨大时间机器，是由一名伟大的钟表匠制作并上紧发条的钟表。”笛卡尔这样写道。艾萨克·牛顿爵士和其他科学家在新兴的自然科学领域的发现似乎表明，宇宙的确就像一台机器一样运行着，每个部分也都像钟表的部件一般和谐运转。牛顿不得不承认：“就像钟表匠一样，上帝必须不时地修补这台机器，对宇宙做出干预，以确保它继续正常运行。”不过，一切都进展得很顺利。

如果宇宙万物都是这样运转的，那人类的思维又怎能例外呢？毕竟，它和其他事物一样存在于宇宙间，由同样的物质构成。如果一切都像时钟一样运转着，为什么上帝会单单让宇宙中的一个元素在他眼皮子底下随机运转呢？如果一台时钟带有一个被允许自行运转的随机机制，它过不了多久就无法准确报时了。于是，无论自由意志多么令人向往，可能都只是个谜团。

我的脑子哪儿去了？

所有研究心灵与大脑的科学仍然面临着一种挑战。虽然目前的神经科学可能不怎么需要上帝来支持它的研究和主张，但决定论或缺乏自由意志的可能仍然让大脑的研究者感到紧张。如果用因果关系来描述大脑的运作，那就是机制（大脑）+刺激（电击）=结果（疼痛传感器亮起）。但爱在哪里？音乐的乐趣在哪里？或者在撞向自行车少年的事件中，道德推理在哪里？

有一种可能是科学还没有找到答案。近年来，我们对神经科学的理解呈指数级增长。也许有一天，我们能够完全理解人类的心智，并且可以肯定地说，这个或那个道德决定是某些神经元放电的结果，而道德就像味觉或听觉一样，通过观察大脑的计算机辅助测试扫描结果就能得到解释。

在这种情况下，科学家将不得不接受决定论的挑战：我们该怎样对自己的行为负责呢？

这或许会导致19世纪晚期最受欢迎的哲学——副现象主义——的回归。根据这种观点，我们所有的精神状态都是由身体状态产生的。其中最极端的观点认为，大脑其实什么也不做！它只是一个旁观者。所有我们认为是有意识的行为，其实都是在没有大脑的情况下也能做的事情。我们就像机器人，举起手臂或做出道德决定的行动都与意识无关，就像与心跳无关一样。

1874年，英国生物学家、生理学家和哲学家托马斯·亨利·赫胥黎问道：青蛙有意识吗？他的回答是否定的，然而“青蛙行走、跳跃、游泳，在没有意识的情况下也能完成这些身体动作”。如果我们比较青蛙和人类的行为，二者有什么不同？没错，我们有意识，赫胥黎同意这点。但它做了哪些事情？我们又怎么知道这点呢？

当然，如果我们是机器人，就不需要为任何事负责。副现象主义很难反驳，但因为它听起来实在太奇怪，所以退出了历史的舞台。神经科学能使它重出江湖吗？

相容论

宗教总是能很巧妙地谈论道德责任。毕竟，如果上帝预先安排了一切，为什么猎巫行动还会席卷中世纪的欧洲呢？在某种意义上，成为女巫仍被视作一种应被惩罚的选择。宗教中，天堂和地狱、罪和罚的概念常常与决定论的观点同时出现。

一些哲学家也试图将决定论和自由意志相结合，创立了“相容论”或“软决定论”。17世纪的英国哲学家托马斯·霍布斯认为，自由意志是一种做自己想做的事的能力。因此，我们“有理由”认为，决定论并不等同于自由意志的缺乏，因为它并不意味着行动者从不做他们想做的事。

但是，“有理由”一词便可表明，相容论本身或许就是一种较弱的立场。尽管20世纪有人试图复兴它，但相容论从未真正流行起来。也许你有什么办法吗？

另一个试图结合决定论和自由意志的人是19世纪的德国哲学家阿图尔·叔本华。叔本华以悲观主义哲学闻名——他认为生活和世界漫无目的，只是盲目地挣扎，最后以毫无意义的死亡告终。他生前并未受邀参加过什么聚会。

叔本华有句名言："人能做他所愿的，却无法愿他所愿的。"（当然，叔本华是在用他那个时代的语言。）也就是说，在世界呈现给我们的一系列情境（世界有自身的意志）之中，我们可以自由地做出选择，但这一选择并不完全自由，它本身已经被决定了。就像蚂蚁左右移动时或许认为自己拥有行动上的自由，我们在选择选项一而非选项二时，或许也误以为自己是自由的。

这样说来，在你下一次做出错误的选择，需要向别人解释时，相容论会是非常实用的借口："不是我干的，是我的意志……"

先天vs后天

决定论还有一种重要形式——环境与境遇会影响我们的选择。以先天与后天之争为例：自我在多大程度上来自先天遗传，又在多大程度上由后天环境决定呢？同样是偷了东西，一个来自虐待性成长环境的人和一个在充满爱的家庭长大的人负有同样的道德责任吗？

对卡尔·马克思来说，经济基础决定了我们做出的道德选择，我们的个性则由社会环境塑造。心理学家、精神病学家和精神分析学家认为，许多我们自认为有意识的选择其实受到了童年创伤等潜意识因素的影响。对环境决定论者来说，自然地理环境决定人类社会的道德体系，从而影响人们的选择。

许多法律体系试图在裁决刑罚时考虑这些因素，反对派则不赞成因环境或境遇不同予以宽容。他们认为，人必须为自己的行为负责。

你觉得呢？

被判自由

如果我们认为道德责任存在，那么某种形式的自由意志应该也会存在，因为人无法为不是自己做出的行为负责，至少在伦理学上是这样的。在这里，我们要请出让-保罗·萨特。关于自由意志，萨特或许提供了哲学史上最重要也最不妥协的答案。

萨特认为，人绝对自由。如果我们心情不好，那是因为我们选择让心情不好。这样的自由不一定总令人愉快。正如萨特所说："人被判自由。被判，因为他并未创造自己；而他也是自由的，因为一旦被抛入这个世界，就要对自己所做的一切负责。"

在萨特看来，学生是否应该参战？萨特没有说学生应该去，也没说他应该留下来，没有任何伦理学理论能解决这一道德困境。他只是说，一旦学生做出选择，就要对此负责。在萨特的伦理体系中，没有任何借口，也没法怪罪环境。

自欺

听上去，萨特像是个道德英雄主义者和个人主义者，从某种程度上来说也的确如此。与此同时，萨特认为，在做出道德选择时，我们也在提出一种可普遍化、适用于同一情境的道德立场。也就是说，如果萨特的学生决定参军，即表明他认为所有处在同一位置的人也应该这么做。

在萨特看来，最大的伦理错误（或许也是最大的错误）就是作为被动的客体行动，而非活跃的主体。这便是“不真实”的“自欺”。

萨特将在餐馆“扮演”服务员角色的服务员作为自欺的经典例子。服务员可能会说，他这样做是生活所迫，但萨特不接受借口——这位服务员可以成为任何他想成为的。代价可能是挨饿，但至少他是自由且真实的。这也是萨特的学生在决定是否参战时需要实现的目标：做一个真实的人，并为他人树立榜样。

想象一下：场景二

在交通繁忙的道路上，一名女子停下车准备右转。对面车辆上的男司机也停了下来，请女子先行。女子挥手表示感谢，右转驶入车道。她轻鸣喇叭再次感谢，开往商店。右转后不久，一名少年骑着自行车从十字路口经过。请女子先过的男司机向前行驶。

在商店里，女子有些站不稳。她在早上喝掉了一大瓶杜松子酒，所以现在来再买一瓶。回到车里，她喝了一大口酒，然后开车离开。她向左转，回到之前右转的那条路上，看到一个十几岁的孩子从自行车上下来，跑向并亲吻自己的恋人。看到这对相爱的年轻人，女子内心涌上强烈的感情，以及愤怒。自从丈夫离世，她每天晚上都哭着睡去，用酒精麻痹痛苦。

女子只想回家，但堵车了，发生了交通事故。她隐约认出，全损的那辆蓝色汽车似乎和之前让她先走的那个男司机开的车一样。也许是同一个人，她想。男司机刚开到十字路口时，一辆失控的卡车就撞上了他，真是太糟糕了。但她有自己的问题。她想，到家时，自己会为他举杯。回家后，她的确为他举杯了。可怜的家伙，自己的确走运，但这也不是她能控制的……

我们通常在事后才考虑道德责任。在平行世界里，女子撞向少年，使其丧生。而在这个世界里，少年晚了几秒出门，所以安然无恙。酒后驾车的女人也安全到家了，我们也知道了她为什么喝酒，或许还会有些同情。而正是因为女子和少年没有相撞，男司机才得以继续行驶，驶向自己的死亡。我们该怎么理解这件事呢？

道德运气

上节中的场景二便体现了哲学上的“道德运气”。美国哲学家托马斯·内格尔将某人因自身无法控制的因素而得到不同道德评价的现象，称为道德运气。

比如，两个场景中的醉酒女子在价值观、目标、意图和动机方面都是相同的。但在场景一中，女人被认为是凶手，场景二中则并非如此。而这并非源于她自己的任何行为，仅仅因为少年晚了几秒离开家。（我们也可以想象另一组场景来做对比：撞倒青少年的女人并没有喝酒，但仍然要进监狱；女子醉酒却没有与少年相撞。）正如讽刺报纸《洋葱新闻》所说：“93%的酒驾司机都安全到家了。”

道德运气的观点对伦理学提出了挑战：我们似乎可以做出通常被认为“不道德”的行为，却不产生任何相关的负面后果。哲学家们又会怎么说呢？

平行世界

我们可以想到两种立场。第一种是理性主义立场：无论酒后驾驶是否导致骑行少年死亡，酒后驾驶者都应负有道德责任。这似乎有些道理——为什么被好运眷顾就意味着可以逃脱道德上的惩罚？但这样想有两个问题。首先，这一立场意味着致使他人死亡的行为与不致使他人死亡的行为被画上等号。其次，它打开了通往无数个平行世界的潘多拉魔盒。如果所有行为都得在它会带来灾难性后果的世界中进行评判，那么每种不道德的行为都同等恶劣，无论是酒驾还是不把马桶圈放下来。（谁知道会发生什么，说不定不放下马桶圈真会杀死某人呢！）

因此，要判断行为是否道德，最稳妥的方法似乎是看它的实际后果。这便引出了我们即将探讨的第一大伦理学体系——结果论。

第四章

结果论

一切行为皆有后果。其中许多超出了伦理学的范畴：拍拍手，就会发出声音，这里没有伦理问题。但我们的许多行为的确会产生伦理意义上的后果。那是否应该根据后果来评判行为，又是否应该基于可能的后果来做出决定呢？许多哲学家会说：当然。如果没有绝对的道德，只有道德的情境，我们的选择就应基于对最大多数的人来说最好的结果。

深入骨髓

1958年，6名南斯拉夫核研究人员意外遭受辐射，其中1人不幸身亡，另外5人被紧急送往巴黎，由法国肿瘤学家乔治·马泰治疗。此时，马泰已经对干细胞进行了一定研究。干细胞是一种能分化为多种类型细胞的特殊人体细胞，是人体的基石。马泰用由干细胞培育的骨髓细胞代替受辐射的骨髓细胞，为这些研究人员进行了世界上第一次骨髓移植手术，5人都活了下来。

20世纪80年代，获取另一种适用于医疗手术的干细胞（胚胎干细胞）的技术出现了。顾名思义，胚胎干细胞是从人类胚胎中提取的。而使用胚胎干细胞需要付出的代价是胚胎会死亡。

因为这一点，一些观点认为整个干细胞研究是一个不道德的领域，无论它会带来怎样的结果，杀死胚胎总是错的。而在另一些人看来，干细胞研究产生的结果利大于弊。这些人便是结果论者，而他们自马泰进行手术的几百年前就存在了。

最大多数的人的最大幸福

1769年，杰里米·边沁首次提出了结果论的经典形式。19世纪末，约翰·斯图尔特·密尔进一步发展了这一理论。该理论认为，当且仅当一种行为使善最大化时，这种行为才是道德的。也就是说，当且仅当一种行为对所有人产生的好处的总量减去对所有人产生的坏处的总量的值达到最大时，该行为才是道德的。或者，用更简单的话来说，如果某种行为能“为最大多数的人带来最大的幸福”，它就是道德的。

这一理论被称为功利主义，主张施行带来最大效益的行为。最极端的功利主义是一种不在乎绝对道德的哲学。如果杀死一个人的好处大于让他活下去的好处，那么对功利主义者来说，杀死他是合乎道德的。谈到电车难题时，一个坚定的结果论者不会纠结。这是一个简单的数学问题：牺牲一个人还是五个人？答案很简单。

应该没人会让一个结果论者去照顾小希特勒吧。（也不一定！）

小小莫扎特

当然，像边沁和密尔这样的思想家做梦也想不到，医学的进步会使干细胞研究成为一个伦理问题。但如果我们有机会向他们提问，应该可以想见他们的反应：如果一个胚胎的死亡能挽救不止一条性命（何况马泰拯救了五条性命，目前的干细胞研究项目也可能使数百万人免于疾病），那么从结果论的角度来看，干细胞研究是合理的。但如果死去的胚胎是莫扎特或约翰·斯图尔特·密尔，密尔可能会犹豫。不过，结果论不是一门假想的哲学，而是基于实际、可预见的后果，我们稍后会看到这一点的重要性。

这意味着道德行为的内在本质并不能决定它的表现是好是坏。正如我们将在道义论一章中看到的，这一点是结果论与道义论产生重大分歧的根源。对义务论者来说，无论结果多好，都存在一些不可违背的道德原则。

享乐主义的结果论

虽然边沁和密尔不会这样自称，但今天他们被称作“享乐主义的结果论者”。对享乐主义者而言，只有快乐才拥有内在价值，而痛苦没有内在价值。

这并不意味着边沁和密尔整日只知道寻欢作乐（边沁似乎在情感方面颇为失意），而是说判断道德行为时，他们只将快乐或痛苦考虑在内。快乐越多，也就越好。

当涉及电车难题这类情况时，这种逻辑行得通。比起其他选择，有一种选择能产生可证实、可衡量的最大的快乐总量。但我们已经看到，许多道德问题更为复杂：很难评估究竟哪种选择能带来最大的快乐；趋乐避苦或许也不是一些问题的关键，至少对萨特的学生来说是这样的。并且，回顾我们做过的一些最艰难的道德选择，难道不是那些明知道正确做法是什么的时候最让人痛苦吗？

外遇

这是某些杂志最爱的桥段：你借好朋友对象的手机打电话，却不巧发现他有了外遇。但你知道他们很相爱，这段关系里似乎再无其他问题。你该怎么做？

先不谈你面临的道德困境吧（为什么乱划别人的手机），如果告诉朋友就会引发极大的痛苦。你的朋友可能比较脆弱，告诉她多半会导致他们分手，甚至毁掉她的生活、她对爱的希望。享乐主义的结果论者会极力建议别告诉她。但如果下次她开心地说起自己真的很信任你或者她对象呢？你不得不再次隐瞒真相，甚至永远继续这个谎言，而我们通常认为撒谎是不道德的。

在这种情况下，结果论是否想让我们认为撒谎是道德的？

仅需事实

这个例子说明了另一个问题：我们很难掌握所有事实和所有可能的后果。

在这件事里，我们的假设是朋友对这段“外遇”并不知情。但你确定吗？或许朋友对关系的态度更“开放”——毕竟，你永远无法真正了解他人的情感状况。或者他们之间有过什么问题，但现在已经解决了。如果告诉她，无疑是在揭人伤疤，并且让她知道自己关系中最隐秘的秘密被你知道了。

或许这个神秘的第三者就是你的好朋友呢，只是换了个名字而已，整件事只是个让爱情保鲜的小游戏。同样，你也没法知道这点。

在这类事情中，我们通常会有很多假设。而如果我们的假设错了，那朋友的反应很可能是：“你为什么划他的手机？”这回破裂的便是好朋友对你的信任，甚至你们的友情。这下高兴啦？

然后呢？

我们很难知道所有事实，结果也是如此。假设你下定决心要告诉朋友，即使这会导致他们分手并造成痛苦。因为，经过一个结果论者的计算，比起她在之后知道这件事（比如，等到他俩有了孩子，或者年龄大了更难找对象的时候），现在的痛苦会小于未来的痛苦。

但如果你算错了呢？比如，这个消息对朋友造成了毁灭性的打击，她彻底崩溃了。或者，或许几年后知道这件事反而不会那么痛苦：他们之间有了更深的爱，这个问题便显得没那么严重；或者他们的关系更成熟了，能更好地解决这个问题。

总之，你无法知道结果，没人知道未来会发生什么。不过，更极端的结果论者似乎认为，未来在某种特殊意义上是可以被预测的。

中立主体

在我们和朋友以及她的对象（以及他们那幸福或者不幸福、破裂或者未破裂的关系，可能的崩溃或者“从此幸福地生活在一起”）说再见之前（还有，你为什么要偷看别人的手机？），还有另一个问题需要结果论解决，即所谓的“中立主体”。比如，如果说一个结果“更好”（带来更多快乐、更少痛苦），那这是由谁评判的呢？

告诉朋友带来的快乐包括让你的良心好受些。或许确保她知道这件事后，你能睡得更香，也会在接下来的许多年里不会因为知道一些他们不知道的、有关他们伟大爱情的事而感到内疚。用现在的话来说，你也入局了。

我们倾向于用外部的观点来评判道德选择，比如，别处的某人某物（宗教权威、道德良知、某位这本书的读者）对我们的行为竖起大拇指或皱起眉头。可是，在需要做出道德选择的情境之中，似乎没有人是中立的。

规则结果论（一）

享乐主义的结果论并不是结果论的唯一形式。许多不同的分支使结果论更加复杂，其中之一便是“规则结果论”。规则结果论并不关注具体行为以及它们能带来的快乐（享乐主义的结果论则是一种行为结果论），而关注规则。

说回汽车吧。毫无疑问，比起随心所欲地开车，每小时48千米的限速给人们造成了许多直接的痛苦。然而，这条规则能挽救许多生命。这一结果无法量化，规则是根据潜在的结果制定的。和其他结果论分支一样，规则结果论不关注每小时48千米的限速本身是好是坏，它关注（潜在的）后果。

根据这一逻辑，规则结果论倾向于建立基本的道德立场，比如，“禁止伤害他人”“禁止在驾驶过程中冲撞行人”，以在具体的道德困境中给予我们帮助或指导。而一些观点认为，这削弱了结果论中没有绝对道德的主张。

叩问良心

对结果论来说，绝对道德的再次回归是一个大问题。再以电车难题为例，如果认为1个人的死比5个人的死带来的痛苦更少，可能是因为我们认为受影响的人（潜在受害者不计）更少，造成的伤害更少。我们甚至可以说，造成的经济损失（医疗、葬礼费用等）更低。这些观点有道理，但我们真会这么想吗？

我们认为1个人死去比起5个人的死好些，难道不是因为我们珍视生命，认为杀戮是错误的吗？为了继续自己的主张，结果论似乎需要接受它所否定的东西：有些事在本质上就是对或错的，无论结果如何。某些情况下，我们感受到快乐（或更少痛苦），是因为我们的良心受到了更少的伤害。这意味着，一些道德准则就在我们的良知之中。

国家结果论

国家结果论与规则结果论类似，或许在我们的日常生活中也更为常见。在国家结果论中，国家的“快乐”优先于个人的快乐。税收便是一个很好的例子：国家整体的快乐先于你个人的快乐（理想情况下，如果国家的快乐值增加，你的快乐值也会增加，只是可能不像不缴税那么快乐吧）。

政府的大部分工作都在于平衡个人与社会的快乐。如果国家认为死刑可以起到减少谋杀的作用，那么尽管杀人在其他情况下是错误的，死刑也是合法的国家行为。

政府是中立主体吗？一些政府貌似维护国家利益的行为，或许只是为了既得利益者的利益、赢得选票、迎合或改变文化规范。例如，如果经济增长导致贫富差距扩大、无家可归者增多，这“好”吗？

中立的问题

国家结果论表明了对结果论的另一立场——“价值中立”(value impartial)的批判。以“最大幸福”这一结果论的基本论点为例：对我们来说，每个人的幸福的重要性都是一样的吗？结果论通常认为，在做出道德选择时，陌生人的需要和你朋友、家人，甚至你自己的需要一样重要。

这听上去好像不太对。你可能觉得比起把钱花在自家孩子身上，帮助更有需要的人能让世界变得“更好”，可如果现在可以拯救两个陌生人的生命，但代价是让自家孩子饿死，你会这么做吗？这和我们心目中的“做好事”可一点儿也不像。

你可以说，比起帮助陌生人，你更知道怎么帮助家庭里的小成员，所以选择后者能带来更多快乐。但可以肯定的是，你这样做的原因是基于和孩子的关系，而不是因为你更了解他们的需求。那还有别的解决方案吗？

偏倚性结果论

一些观点认为，我们需要在结果论中加入一定程度的“偏倚”（Partiality）。其中一种方式便是拥抱一种自我主义式的结果论：去做最能让我们快乐的事情（也许让自己快乐也能让世界更加美好呢）。这和之前的“中立主体”非常不同，有时也被称为“价值相对”的结果论。

另一种选择是“友好结果论”（friendly consequentialism）：在多个选择中，对自己和朋友（包括家人）最好的那个就是最正确的道德选择。

这与中立的道德决定背道而驰。如果朋友和陌生人同时掉进河里，选择救朋友而让另一个人淹死更道德吗，还是仅仅出于自私？但如果为了救一个陌生人而让朋友丧命，似乎也不是一件合乎道德的事。

（当然，如果是你掉进了河里，无论你相信哪种伦理体系，或许都会着急地说：“救我这件事本身就是道德的！”）

规则结果论（二）

正如之前所说，对规则结果论来说，一般形式的结果论被称为“行为结果论”，即行为是否正确取决于它是否能带来最大化的善好或快乐。

规则结果论认为，我们不需要花太多时间来研究哪种行为会带来最大的好处，因为经过验证、能带来最大好处的行为已经被写在规则中了，比如，“不要伤害他人”或“遵守承诺”，我们可以参照已有规则行动。在遵守规则甚至将其内化的过程中，我们便有更大概率在具体情境中做出道德的行为。

当然，基于结果论的规则，结果论一定会考虑例外情况，涵盖规则导致不理想的后果（或痛苦）的可能：“不要伤害他人，除非这样做会……”可问题是，一旦我们开始在规则中添加例外，又该在哪里停止呢？“不要伤害他人，除非……或者……或者……或者……”在太多的“或者”中，我们所说的“他人”可能已经走掉了。

个人自由

结果论还有一个问题饱受诟病，那就是个人自由。

过量饮酒会对身体造成巨大伤害，并导致家庭暴力等问题，这已是公认的事实。结果论者有强有力的理由让每个人都不要喝酒。但是我们应该这样干涉他人吗？在禁烟问题上，这一讨论也一直在上演。对一些人来说，这关乎个人自由。在枪支、驾驶越野车或吃肉等问题上，人们或许也有同样的争论。

首先，很难给出无懈可击的证据。即使有，也会有人主张自己应有从事这些活动的权利。比如，我们每次想喝酒时，都得深入思考这一行为对社会的影响吗？结果论者自己想生活在一个每个行为的道德后果都要接受检验的世界里吗？应该不是吧。那么，再来一回合……

道德

最后，有人会说结果论根本不是一种道德立场。假设被问到一个简单的问题，而你必须考虑所有后果后才能决定如实回答，我们能说你是一个诚实的人吗？一个诚实的人应该会立马如实回答，无论后果如何。

假设你有一小时能和家里的孩子一起玩，那是否需要计算一下，这样做能否对宏观社会产生有益影响呢？或者，根据友好结果论的观点，考虑这一选择对你关心的小部分人（自己、孩子、伴侣或兄弟姐妹）的利益？听上去似乎没什么人性，和道德也不太沾边，这些考虑都不关乎花时间陪伴那个孩子本身。

显然，结果论有很多严重的问题，边沁和密尔提倡的那种结果论似乎不太可持续。

不过……

我们（实际上）是如何生活的

尽管有这么多对结果论的批评，一种强有力的辩护仍然存在——比起其他伦理体系，结果论似乎最接近我们真实的生活状态。面临道德问题时，我们常有的本能反应是弄清楚可能采取的每种行动会导致怎样的结果，无论是发现好朋友的对象有了外遇，还是决定是否加入“自由法国”。

我们内心或许有一系列潜在的道德准则，但它们可能相互矛盾，也可能取决于具体情境。我们在结果论中发现的问题，或许只是我们在选择最佳行为与结果时内心真实想法的反映。毕竟，我们很少基于最坏结果选择相应的行为……

但对一些伦理学家来说，这还不够好。他们认为，有些规则是无法违背的。之前我们也提过他们，现在是时候来认识义务论者了。

第五章

道义论

如果一个人需要考虑所有可能的后果以后才如实作答的确有些可疑，那是否有另一种选择呢？一种不同于结果论式的成本效益分析、予以稳定性和正确性的伦理体系。

嗯，这里正好有呢……

康德，伊曼努尔·康德

一名持枪歹徒闯入你的住所。你有五位家人，歹徒打算杀掉他们。好在桌子底下藏了一把枪。你拿到枪，成功接近并瞄准了歹徒。就在千钧一发之际，一位操着德国口音、戴假发的绅士走进房间，站在你和歹徒中间。

“Es tut mir leid,” 他对你说，“Mord ist immer falsch.” 随后，他意识到自己不该用德语：“对不起，杀人永远是错的。” 他让你放下枪，“Senken Sie die Waffe.”

你目瞪口呆地站在那儿，看着歹徒发出五声枪响，你失去了所有的家人。歹徒吹了吹枪口，转了转枪把，朝门口走去。

“Du hast das Richtige getan.”（你做得对。）德国人说。

“你谁啊？” 你会问。

“康德，伊曼努尔·康德，义务论者。”

对康德来说，存在任何情况下都不可违背的道德原则。于是，你无法杀死这名歹徒，因为杀人是错误的，即使这样做会导致更多人死亡（此外，在康德看来，这些人是不是你的家人并不重要）。你问心无愧，歹徒则需要自己解决这个伦理问题。

道义论与结果论之争贯穿了伦理学的历史。对前者来说，结果并不重要；而正如我们看到的，在后者看来，结果就是一切。

道义论或许对我们提出了伦理学中最严格的要求，也有人认为这些要求再自然不过。无论道德能动性如何受到外部环境影响，或许我们天生就具有一种道德能力。我们知道对错，而许多伦理学理论只是在帮助我们逃避道德责任。

太阳照常升起

康德不仅每天准时散步，还会在同一时间吃早餐、午餐和晚餐。这是一个非常有条理的人。

休谟的观点自然给康德带来了极大的冲击：或许在下一次撞击中，被撞的台球并不会移动，无论之前发生了什么。可证实的因果关系并不存在。

康德写到，休谟的观点将他从“教条主义的沉睡”中唤醒：所有的确定性都烟消云散。如果被撞击的台球突然不再移动，太阳明天还会升起吗？时间会倒流吗？

针对休谟提出的问题，康德给出了冗长且复杂的回答，但最终结论为：时间、空间以及因果关系并非客观世界的属性，而是心灵的属性。哪怕这就是康德的全部贡献，也足够使他跻身有史以来最伟大的哲学家之列了。但还有一个问题萦绕在他心头——伦理学的问题。

义务的科学

虽说康德信仰上帝，但可以说他更信仰理性。康德一方面想证明理性是一件多么美妙的工具，另一方面也想探索理性的边界（也就是宗教）。在科学和哲学之外，康德希望将理性应用于道德领域。道德应基于理性，而非宗教。

哲学史上最著名（也最美）的一句名言如下："世上有两种东西，我对它们的思考越是深沉和持久，它们在我心灵中唤起的惊奇和敬畏便日新月异，不断增长：我头顶的星空和我心中的道德律。"星空是天文学家的天地（尽管康德对此也有所涉猎），道德律则是哲学家（尤其是伊曼努尔·康德）的领域。

在没有宗教信仰指引的情况下，人们在具体的道德情境中该如何行动呢？就像在因果关系问题中一样，康德想提出一些更坚实、可依靠的东西，即"义务"。这一思想体系被称为"道义论"，是一门关于义务的科学。

上帝的代表

康德认为，因果关系是人类心灵的属性，而不属于客观世界，道德也是如此。“我心中的道德律”是人类独有的，也存在于每个人心中。至于我们为什么拥有道德，康德并不关心。尽管他会说，是上帝赋予了我们道德。不过，既然我们已经拥有了道德，便不再需依靠上帝来判断对错。

我们应该叩问的是自己的良心，而良知便是上帝在每个人心中的代表。我们无须考虑行为的后果，仅凭良心便能知道对错。康德说，如果感到内疚，那就意味着我们知道自己错了。在纯粹的义务论中，良知的判断永远是正确的。即使没有产生任何负面后果或逃脱了惩罚，结果论者也无法说服我们认为自己做了正确的事。

罪……

“因为她个子矮，斧头恰好砍在她的头顶上。她惨叫一声，但声音很微弱，突然往地板上沉下去了，虽然还是赶紧举起双手去抱住头……血如泉涌，像从打翻了的玻璃杯里倒出来一样，她仰面倒下了。他倒退一步，让她倒下，并立刻弯下腰去看她的脸：她已一命呜呼。”

在1866年的小说《罪与罚》中，俄罗斯作家陀思妥耶夫斯基用主人公拉斯柯尔尼科夫进行了一次思想实验。拉斯柯尔尼科夫想知道是否可以杀人而不承担后果。他将一名没有家人、放高利贷的无良老妇作为目标。拉斯柯尔尼科夫很确定，她的那些钱如果放在他手中会对这个世界更好。结果论者应该很难找到理由反对。

谋杀成功，钱也拿走了，警方无法将拉斯柯尔尼科夫与这起案件联系起来。但警方有一个秘密武器——拉斯柯尔尼科夫的良心。

……与罚

杀人后，拉斯柯尔尼科夫无法入睡，变得偏执，充满自我厌恶。他既是猎人，也是猎物，日夜在道德困境中追逐自己。最后，他承认了罪行。

这样的故事在文学作品中并不少见。在莎士比亚的《麦克白》中，怂恿丈夫杀人的麦克白夫人夜里在城堡里走来走去，出现幻觉，无法洗掉自己手上的血迹。麦克白则被最好的朋友班柯的鬼魂困扰。班柯既代表他的良知，也是良知的折磨者。

这样的故事也常常出现在我们的生活中。我们做错了事，可能也不会被发现（不会产生任何后果），但是……

在康德看来，这便是我们内心的道德律在施加惩罚，而这或许是世界上最严厉的惩罚。所以犯错的人在被发现或主动承认后常常感到宽慰，现实中的法官还更温柔些呢！

规则不可违

义务论似乎比结果论更容易实践：遵守规则，履行义务即可。一些道德选择是被禁止的，如果我们的道德准则是永远不能杀人（和康德一样），那么我们就永远也不能杀人。

但如果打破道德准则会带来更好的结果呢？举个例子，一位软件工程师得知即将会有一场由计算机系统触发的核攻击。这位工程师可以侵入系统，阻止攻击，但与此同时，工程师也违背了“禁止侵入他人计算机系统”的职业道德。工程师应该打破道德准则吗？

义务论者认为，规则就是规则，侵入系统意味着工程师在撒谎和欺骗（比如输入别人的密码）。这样的规则或许在直觉上很难接受，但对良知来说是正确的选择。如果说良知是上帝在我们内心的代表，那么遵守这些道德规则或许也会像遵守一些宗教教义那样困难吧。

绝对命令

康德将道德律称为“绝对命令”。“绝对”的意思是我们必须遵守，“命令”的意思……也是。绝对命令是绝对的、无条件的要求，在任何情况下都必须遵守。它具有内在价值，被视作目的本身，也意味着其后果并不重要。

道德律似乎只关乎“我”和“我”的良心，但康德想更进一步。道德律必须“绝对必要”，也就是说，它与具体情境无关。正如前文所说，杀死一个即将谋杀你全家的人与杀死一个陌生人并无区别。如果道德律能（且必须）与具体情境分离，那它一定是“可普遍化的”，即在任何地点和时间都是正确的。正如康德所说：“仅依据那些你同时认为它是普遍法则的准则行动。”

这被称为可普遍化原则。它意味着所有文化在表面的差异之下，都有相同的基本道德法则。

完全与不完全义务

面对这个麻烦的伦理世界，康德也做出了一个小小的让步。他提出了完全义务和不完全义务。

完全义务指一直出现在前文的讨论中，通常以“我不能……”形式出现的禁令。正如上节所说，它们也具有普遍性。“我不能”意味着“没人能”。

不完全义务则宽松一些。但或许只是对康德来说的“宽松”，即在12点01分而非12点整吃午饭。

《斯坦福哲学百科全书》(*Stanford Encyclopedia of Philosophy*)上说：“不自杀是对自己的完全义务，不许下无意兑现的承诺是对他人的完全义务；发展自己的才能是对自己的不完全义务，为他人的幸福做出贡献是对他人的不完全义务。”

学习钢琴便是一种对自己的不完全义务。即使没能做到，也不该受到责备；但如果做到了，应该得到赞扬。捐赠行为也是如此。

死刑

在离开康德、认识其他形式的义务论之前，康德还有一条看上去有些奇怪的法则值得讨论。康德认为杀人是错误的，但他支持死刑。

在康德看来，任何犯下谋杀罪的人都“必须死去”。杀死他人，等同于杀死了作为人的自己，这是一种对等的情况。

在康德的这一立场中，有两件事显得很强势。首先，没有任何例外（没有“减轻责任原则”，也不考虑环境和情境）。我们之前提到，大多数法律体系都注重对谋杀案件进行具体分析，并将一些凶手视作受环境影响的受害者。心理疾病、年龄、贫困的成长环境、之前受到的虐待，甚至激情犯罪，都可能被凶手的律师团队援引并用以减刑。如果康德是法官，这些因素都不会被考虑。夺取他人生命的凶手已经丧失所有生存的权利，必须死去。

其次，处决只需也只能有一个目的，即杀死凶手。这一观点与结果论截然相反。即使除凶手和刽子手外的全体人类都将在明天灭亡，凶手仍应爬上绞刑架或坐上电椅——凶手必须被处决。凶手杀了人，因此必须被杀。

这和康德的道德律是一致的。没有例外，也没有宽容，即使全人类灭亡也是一样。

在有关死刑的辩论中，一个普遍的支持观点是死刑能起到威慑作用。不过，事实究竟是否如此对康德来说根本不重要。因为即使死刑导致更多的谋杀（正如死刑反对者所说，生命的价值因此被“贬低”，谋杀率便会上升），康德仍然会处决杀人犯。结果根本不重要。

神谕论

当然，不是所有人都热衷于将道德法则交给人类，康德革命性的伦理学思想也没法将虔诚的宗教信徒一下子都变成铁杆理性主义者。对世界上相当一部分人来说，上帝在道德律法上仍有最终决定权，这在哲学上被称为“神谕论”。

如果康德的思想有些神秘，上帝就更是如此。以犹太教的安息日为例，2023年，一支犹太裔的少年足球队赢得了进入州决赛的机会，然而，决赛在一个星期六举行，也就是犹太教的安息日，而在这一天上帝禁止这类活动。孩子们应该参赛吗？

结果论者或许会斡旋一番：在比赛中，孩子们会体会到快乐、体育运动中的友情，付出努力、收获回报，不会因为不参赛而失望，乃至在获胜（或优雅落败）时为自己的信仰赢得荣耀。

但神谕论很严格。最终，球队退出了比赛。该辖区的首席拉比盛赞这一事例“无与伦比地证明了安息日的重要性”。

义务论vs结果论

许多当代哲学家一面试图捍卫康德的理论，一面试着放宽其中的一些限制。正如“十诫”看起来非常简约，相关的阐释和评论却多得要命，有关康德诫律的二次文献也是如此。不过，当代道义论的核心在于，我们都负有道德义务，并且它们比我们的个人欲望更为重要。

以南希·安·戴维斯和托马斯·内格尔为代表的现代哲学家认为，义务论有很多相对于结果论的优势。比如，义务论可以解释为什么比起陌生人，我们更重视自己的朋友和家人，也能够以结果论无法做到的方式将“必须照顾好自己的孩子”这样的要求纳入道德原则。义务论还能避免对利他和义务无穷无尽的思考。义务论并不反对这两点，只是结果论式的生活会总是要求你做些对每个人都最好的事情。毕竟，从某种意义上说，你对所有人的痛苦都负有责任，那么，你当然应该试着做点什么。

谁制定的规则

但是义务论存在几个问题。其中最大的问题是，恪守道德义务似乎可能或一定带来更坏的结果。如果世界即将毁灭，我们也不能侵入系统来阻止这一切发生，听起来好像不太对。一般来说，我们希望做出对大家都好的道德决定或选择。如果只对自己的良知或一些有效性存疑的道德原则来说最好，似乎不太符合“好”的定义。

一种批评认为义务论在某种程度上是自私的，甚至“唯我”的，意思是认为只有自己的意识能被证明存在。就义务论而言，只有自己的良心才被认为是正确的。15世纪的多明我会修士吉罗拉莫·萨沃纳罗拉因为焚烧他认为不道德的书籍和艺术品而臭名昭著。在他看来，他是对的，其他人都错了。我们或许不认识萨沃纳罗拉，但一定认识一些有道德优越感的人。在复杂的现实世界里，他们的绝对道德让人难以忍受。

这便使我们想到了对义务论的第二种挑战：谁制定了规则？对神谕论者来说，答案很简单：上帝。对其他义务论者来说，是自己的良知。可良知会不会是某种特定文化或成长背景的产物？这种文化会不会发生变化？不久前，在社交场合盯着手机看还被认为是粗鲁的行为，而现在，这样做已经被广泛接受。在20世纪的大部分时间里，同性恋都被视作一种心理疾病，而现在部分西方国家已经允许同性婚姻。可义务论似乎并不接受改变。

当然，一些义务论者可能会说，这些只是表面的变化，潜在的绝对道德仍然存在。比如同性婚姻基于爱的义务或美德，我们只是花了很长时间才走到这一步。

不过，如果这样的逻辑成立，或许道德原则的变化都能被这样理解，那义务论就没有意义了，不是吗？

文化俱乐部

这又让我们回到了之前谈到的一个问题。康德说，道德律必须可普遍化。在康德的时代，西方价值观不仅被视作常态，也被认为是最好的价值观，这是很普遍的看法。康德也在写作中探讨过文化素养的不同层次，并认为那位来自柯尼斯堡的德国哲学家位列最高水平。

如今，我们对不同文化的价值观更加敏感。但是，假如在一种文化中，偷窃罪会被无条件立即处以死刑。这种文化古老而繁荣，禁止偷窃的法令因一种需要应对物质短缺的文化价值观而产生。在这种文化中，偷窃比谋杀更不被允许，整个社会的凝聚力也基于此。而从你的文化立场出发，偷窃应该也是错误的行为，但你可能对相应的刑罚有自己的看法，觉得“偷了什么”是影响判决结果的关键因素，并强烈认为死刑太过严厉。

哪种道德立场会占上风呢，是更好的那个，还是更强势的那个？

与世界历史的其他组成部分一样，强力也是伦理学的一部分。在全球化的时代，我们可以看到不同的伦理价值观如何相互交流与碰撞，也可以看到它们如何依赖于帝国主义的不同形式，比如文化帝国主义。想到澳大利亚距英国16000多千米，在地理上邻近亚洲，却和英国采用同一套政府体系和相似的道德规范，还是很奇怪的。

对那些在英国文化价值观传入之前就生活在澳大利亚、有着不同伦理体系的人来说，新的道德体系就像一场新型疾病。有什么标准来判断哪个道德体系是对的，哪个是错的吗？

更重要的是，二者能否调和？在我们的时代，最有趣的伦理问题之一便在于如何将不同的道德体系（比如有关环境问题的那些）以相互促进的方式整合在一起。

手上有血?

还有一种对义务论的批评。让我们回到电车难题，如果让电车继续沿着轨道行进，五个人会死；如果你拉下操纵杆，只有一个人死亡。但在第二种情况中，你承担了道德责任，需要对一个人的死亡负责。

一个义务论者会说，你不该拉下操纵杆，因为杀人是错误的。但问题在于死亡人数吗？在一些观点看来，你没有拉下操纵杆，并不是因为这样做是错的，而是因为你想保持某种道德上的纯洁。作为义务论者，你自己的道德准则和信念是如此珍贵，以致于你宁愿让五个人去死，也不愿让它们被玷污。当然，和麦克白夫人不同，你的手上没有鲜血。

大多数人会认为，“做出合乎道德的行动”的第一步是“行动”。而一个以“我不能……”为基础的伦理体系或许并不能带来一种“我必须……”的伦理学。只要不违背自己的规则或良知，你就是一个有道德的人。这么说对吗？

第六章

美德伦理学

20世纪中期，伦理学受到了情绪主义的挑战。情绪主义认为，我们所有的（不是一些）伦理立场都是情感的产物。我们选择不加入“自由法国”，或许是因为和结果论者一样，认为保护母亲能带来最大的“幸福”；又或者和义务论者一样，认为杀人是错误的。但最终，情绪主义者说，我们都只是在做自己想做的事，我们都是胆小鬼。正是在这场辩论中，一个新的流派——美德伦理学——诞生了。

现代道德哲学

还记得亚里士多德吗？上次我们见他是在古希腊，他正在思考人类和非人类的区别。

1958年，伊丽莎白·安斯康姆发表了一篇名为《现代道德哲学》的论文，震惊哲学界。安斯康姆用机智与略带讽刺的口吻指出，鉴于现存的伦理学理论都容许在某些情况下滥杀无辜，她不会接受其中的任何一种。

安斯康姆首先抨击了义务论。她认为，道德哲学家应该放弃道德义务、道德责任、道德法则等概念。将行为分为诸如“真实或不真实”“正义或不正义”等类别，胜过道德上的“正确或错误”。正如《斯坦福哲学百科全书》所说：“用‘懦弱’来描述一种行为，似乎比用‘错误’来描述它能提供更多信息。”

安斯康姆认为，我们需要将视角从抽象的道德行为转向具体的人……她的论文催生了美德伦理学。

什么是美德伦理学

广义上来讲，美德伦理学强调道德主体的美德或道德品格，与强调规则或责任（义务论）或强调行为后果（结果论）的方法形成对比。

安斯康姆在文章中写到，结果论和义务论都“没有注意到美德伦理学传统中长期存在的议题——美德和恶习，动机和道德品格、道德教育，道德智慧和洞察力，友谊和家庭，幸福的深刻含义，情感在道德生活中的作用，以及关于我们应该成为什么样的人和怎样生活的根本性问题”。

听上去很有亚里士多德的感觉。还记得“幸福”（eudaimonia）吗？

安斯康姆认为，现代伦理学已经因小失大。人类已经成为躯壳，我们唯一的道德目标就是不断推理、做出决策。

这该是我们与世界的互动方式吗？又是否真正关乎道德的与世界互动的方式呢？

什么是美德

为了理解美德伦理学，我们需要理解什么是美德。

对安斯康姆来说，美德是一种根深蒂固的品格特征。它和“戴帽子的人”或“喝咖啡的人”之类的标签不同。美德形成了我们的个性，也在某种意义上解释了它。

一个有美德的人会诚实地行事，不是因为这样做结果更好，也不是因为他们在遵守规则。之所以诚实，是因为他们重视诚实的品质，并希望孩子、家人、朋友乃至整个世界都认为诚实是件好事。《斯坦福哲学百科全书》上说，有美德的人“反对、厌恶与谴责不诚实，不会被某些关于欺骗的故事逗乐；鄙视或怜悯那些通过欺骗获得成功的人，而非认为他们很聪明；当诚实战胜谎言时，并不感到惊讶或高兴；当亲近之人做出不诚实的行为时，感到震惊或不安”。我们如何达到这种境界？

实践智慧

美德伦理学家还从古希腊人那儿借用了一个术语——“实践智慧”（*phronesis*）。对亚里士多德来说，有两种类型的知识：理论或智识上的智慧（*sophia*）以及实用的、在行动中使用的智慧（*phronesis*）。顺便说一句，哲学一词“philosophy”由*philo*（爱）和*sophia*（智慧）组成，也就是对智慧的爱。

一个有美德的成年人便拥有这种智慧。他们拥有有德行的品格，并能以与品格一致的方式行事。

美德伦理学家认为，在积累实践智慧的过程中，我们也处于走向幸福的状态。在这种状态下，我们能够根据自身（有德行的）品格而非其他标准做出道德判断。

不过，我们是如何获得这种智慧的呢？它是与生俱来的，还是来自对他人和社会的学习，或是这些因素的结合？美德伦理学的目标是将我们塑造为有德行的人，并有诸多方式实现这一点。只是，这一目标正确吗？

实际生活

美德伦理学的主要优点在于，作为道德主体的人居于其伦理思想的中心，而结果论和义务论似乎都更关注道德决策或选择。美德伦理学的支持者认为，这一特点体现了回归人本主义的伦理方法，也隐晦地批评了其他伦理体系将所有道德主体视作等同的做法。如果你和另一个人面临同样的道德困境，你们品格上的不同并不会导致最终结果的不同。

一些观点指出，值得注意的是，美德伦理学最早由女性哲学家提出，也由女性哲学家迅速采纳。虽然安斯康姆不会自称女权主义者，以人为中心的伦理学观念却与具身的、将哲学带离抽象意识与思维的浪潮并行。就像一些女性主义哲学一样，美德伦理学将我们带回真实的世界。

品格

根据美德伦理学，与有美德的人相对立的是邪恶的人。面对人类的苦难，邪恶的人不会感到同情，而是愤怒或厌恶。不过，我们讨论过的伦理体系应该都会对这样的人感到不安。

美德伦理学家对另一种人提出了质疑。他们再次引用了一个古希腊语单词*akrasia*，意思是“软弱的”或“缺乏控制力的”，指知道对错，却无法将这些知识付诸实践的人。

亚里士多德用了整本《尼各马可伦理学》来探讨这个问题：如果我们知道怎么做是对的，为什么做不对呢？在亚里士多德和美德伦理学家看来，这是因为一种品格上的弱点，即无法按照自己更高的道德知识去行动。亚里士多德用金钱和荣誉举例，我们也可以想到吸烟或不去帮助有需要的人等行为。

至于如何解决这个问题，答案不在于知道该做什么（毕竟我们已经知道了），而关乎改变一个人的品格。面对道德困境时，我们便能将心中正确的想法付诸实践。

勇气？

哲学家菲利帕·福特便是安斯康姆的响应者之一，她的论文集《美德与恶习：以及其他道德哲学论文》(*Virtues and Vices: And Other Essays in Moral Philosophy*)被视作美德伦理学中的关键文本。

对福特来说，美德有三个基本特征：第一，美德是意志的特征；第二，它有利于他人，或同时有利于持有该美德的人和他人；第三，它纠正了一些不好的人类行为与倾向。

福特回应了美德伦理学面临的一种挑战：坏人在做坏事的过程中能表现出美德吗？当时是20世纪70年代，福特用了杀人犯可能表现出勇气的例子。今天我们可以想到“9·11”事件。不过，在福特看来，就算这些人在行使这些行为的过程中的确运用了勇气，我们也不会称之为勇敢的行为。为什么？福特认为，我们需要对勇敢有更准确的定义。在道德伦理学的世界里，勇敢不仅仅意味着克服恐惧，更是在追求善的过程中克服恐惧。

不同的美德？

安斯康姆和福特曾是朋友，但当安斯康姆打断福特的讲座，称它为邪恶时，这段友谊受到了严峻的考验。为什么会这样？福特认为，堕胎是合乎道德的选择，而作为虔诚的天主教徒、七个孩子的母亲，以及哲学家，安斯康姆不同意这一观点。

虽然她们的争论集中于这一问题，但也表明了美德伦理学面临的一大批评："美德"由谁定义？对安斯康姆来说，不堕胎是一种美德，她给出了合理的哲学论证；对福特来说，女性选择是否生育的权利是一种美德，她也给出了合理的哲学论证。

在欣赏二人的哲学观点的同时，美德伦理学的批评者可能指出，安斯康姆的天主教信仰和福特的无神论立场影响了她们各自的观点。可美德伦理学似乎认为，通过适当的道德教育，每个有美德的人都会在慈善和同情等问题上持有相同的观点。

穷人总会存在

这又引出了对美德伦理学的一个主要批评：你心目中的美德和旁人心目中的美德是不同的，那到底谁是对的，谁又说了算呢？

假如你看见一个无家可归者，并认为给他一些钱是一种美德。同行的其他人却可能指出，给钱不过是在表明无家可归者可以依靠他人的施舍生存。在旁人看来，真正的美德是不给他这笔钱，使问题不断凸显，从而呼吁政治改革，构建没有无家可归者的社会。

两种立场看起来都是美德或有德行的品格的体现，而非行善的一时冲动。但它们彼此冲突，就像安斯康姆和福特在堕胎问题上的立场一样。双方都认为自己有美德，但对美德的理解完全不同。

对美德伦理学来说，更糟糕的是，我们对美德的定义可能受到成长背景的影响。安斯康姆或许认为她对美德的定义是一种哲学立场，只是碰巧与天主教信仰有相似之处。是这样的吗？

不过，这正是学习伦理学的一大好处。它迫使我们挑战他人的道德立场，也迫使我们挑战自身的道德立场。

我们很容易说："某某人是在这种文化/宗教/地方的影响下长大的，所以他当然有这样的道德立场。"但我们很难对自己这样说。我们大都倾向于认为自己拥有美德，我们已经反复思考过并能论证自己的道德立场，它们是合理且理性的。这些立场和观点也因此变得"珍贵"。于是在它们受到挑战和攻击时，我们会感到愤怒。因为自我中很重要的一部分受到了伤害，正如做错事时会感到身体不适一样。

我们很难后退一步来评估自己的道德立场，看看它们是否像我们看到的别人的道德立场那样，也是成长背景和环境的产物。不过，你的美德或许并不是你的。

只有我这么觉得吗

正如我们之前看到的，伦理学理论很难适用于不同文化。美德伦理学能否避开这一难题？

简单来说，答案是“不能”。美德伦理学一直被指责为一种“伦理帝国主义”。你认为自己的价值观是美德的体现，而旁人的价值观要是与之不同，就一定是错的。巴黎的美德可能与德黑兰的美德截然不同。有什么办法来解决这个问题吗？

似乎唯一的办法就是一种文化将自己的美德强加给另一种文化，要么通过武力，要么通过理性说服。

你能想象一个人人都具有同样美德的世界吗？不过，我们可能会（尽管并非毫无保留地）认为，一些基本的道德立场存在于所有文化中。但是，在一些或许多文化里，翻阅朋友对象的手机并发现其有外遇的情况或许并不会成为一个伦理问题。

就像在亚里士多德的时代，假设一个人心目中的美德就是美德，是很危险的。

什么是品格特征

美德伦理学认为我们需要学习、习得并表现出一定的品格特征，以成为有德行的人。这是人类真实的样子吗？社会心理学家认为，所谓的品格特征并不存在，一个人在情境中并不会以始终如一的方式行事。比如，你可能会认为“慷慨”是你的品格特征，但真是如此吗？

你可能做过各种各样的善行，但这就够了吗？即使你一有机会就会做好事（暂不考虑结果论的立场，即现在的你可以做得更多），是否意味着慷慨就是你的“品格特征”？

美德伦理学家对品格的定义似乎很狭隘。真的存在一个所有有德行的人总是会做出高尚（且相同）的选择的世界吗？

当然，做一个有德行的人是一种很好的尝试。但这可能吗？你觉得呢？

第七章

应用伦理学

很多伦理学问题似乎都关乎假设的情境：在情况X中，如果Y这个人做了Z这件事，我们该怎么做？

但现实世界呢？我们生活在一个政治、环境、性别、种族、动物权利和自由等问题都是争论焦点的时代。试图从哲学辩论转向实际行动的“应用伦理学”便理所当然地越发重要。

每每打开报纸或浏览器，我们似乎都得做出道德决定，从非常生活化的问题（作为女性主义者，她应该穿那条裙子吗？）到重大的议题（这场战争是正当的吗？）。现实世界危机四伏，而伦理学可以帮助我们前行。

动物伦理

还记得彼得·辛格吗？他赢得了100万美元，但不是凭借溺水儿童的例子。辛格做出的最大贡献是他在动物伦理方面的研究。他的第一本书《动物解放》是素食主义的经典著作。辛格认为，人类和动物之间的界限微乎其微，动物应享有许多与我们相同的权利。

辛格的关键论点是痛苦。任何养过宠物的人都知道它们能感受到痛苦。但辛格指出，我们吃肉时会有意或无意地忽略这个问题。我们可以对宠物充满爱意，甚至认为它们具有某种程度上的人性，与此同时却吃着另一种动物。

辛格指出，某些文化允许食用宠物，但在许多文化中，食用宠物是无法容忍的行为。而食用宠物和食用牛肉有什么区别吗？

伪善?

辛格认为，我们既爱宠物又爱吃肉，这是自相矛盾的。唯一能论证这一立场的方法是证明宠物比牛拥有更多的权利。我们可以做到这点吗?

不管怎样，我们只能采取外部视角。如果认为动物不会像人类一样感到悲伤或痛苦，那只是因为动物在我们眼里看起来是这样。

不过，这不也是我们与其他人相处的方式吗?你可以通过一个人的行为感受到他的痛苦。对动物来说，应该有什么不一样吗?

辛格等人认为，我们爱宠物却吃肉的行为是萨特所说的“自欺”。我们喜欢牛肉，所以认为牛不会受苦；我们知道狗（宠物）很痛苦，所以不吃它们。我们能在伦理学上理解这一点吗?

对辛格来说，答案是不能。

关注痛苦的伦理学

当辛格出版他的第一本书，将素食主义作为一种伦理选择时，他几乎完全集中在对痛苦的讨论上。辛格认为，避免给能感觉到疼痛的生物造成痛苦是合理的道德选择，我们也有充分的理由认为动物能感觉到疼痛。(当时辛格还没有对鱼持有这种观点，后来他把鱼也包括进来了。)

这似乎是一种义务论的立场——我们永远不应该造成痛苦。然而，辛格一直认为自己是结果论者。为了证明这一点，他以自己在医学动物实验上的立场举例。辛格强烈认为科学家需要提供证据来证明实验带来的好处大于动物所遭受的痛苦，以证明实验的合理性。作为动物解放运动中的领军人物，辛格的立场一直备受争议，他的立场前后一致吗？基于我们对结果论的了解，似乎可以这样认为，但也可以对此提出挑战。

猴子和帕金森

如果你爱的人患有帕金森症，而通过在猴子身上进行实验可以发现新的治疗方法，从而减轻患者的痛苦，甚至治愈这种疾病，你会怎么办？在与牛津大学神经外科医生蒂普·阿齐兹的谈话中，辛格得知，阿齐兹在对100只猴子进行实验后发现了新疗法，并在2006年帮助了4万名帕金森症患者。辛格认为，从结果论的观点来看，这些实验是合理的。

辛格的确补充了一些警告：需要确保这是唯一的获取该研究成果的方法，每个实验造成的伤害应最小化，研究应由独立机构监督（辛格一直积极参与有关伦理委员会的讨论）。这些就够了吗？

一些观点认为，即使每一条标准都被严格执行（确保没有不道德或不合规行为，并找到了确保痛苦最小化的方法），实验在结果论的角度仍不成立。为什么？

这个问题的答案正变得越来越重要。

人类至上

阿齐兹和辛格的观点基于同样的假设：4万人的痛苦大于100只猴子的痛苦（甚至死亡）。如果是100个人和100只猴子呢？如果仍觉得前者更重要，就需要我们相信人类的生命比非人类动物的生命更重要。人与猴的比例是多少时才能说这个实验是合理的？是否存在一个临界点？

仅仅是因为我们是人类，所以才更看重人类而非动物的生命吗？有些人爱他们的宠物“胜过世界上的一切”，然而，如果要在自己的孩子和宠物中选一个活下来，很少有人会选择后者。这一选择不一定基于计算和推理，而是基于本能。许多动物应该也会选择让自己的后代活下来，而非人类。所以，阿齐兹和辛格的观点或许只是一种动物物种（人类）的本能反应。但还有其他原因吗？

梦想未来

康德等哲学家认为，我们之所以认为人的生命更有价值，不仅仅因为我们是人类，还因为人类的思维过程更复杂，包含对时间和未来的思考。这一观点认为，如果一个非人类的动物正在受苦或死去，它所感受到的只是那一刻的痛苦。

而如果一个人处于痛苦中，就会感受到更多的痛苦。我们不仅因为此刻的痛苦而痛苦，也因意识到自己即将死去、再也见不到朋友和家人而痛苦。事实上，许多哲学家认为这正是人之为人的独特性所在：我们能意识到并思考死亡。而这使我们感受到更多的痛苦（和恐惧）。

所以，不仅人的生命被赋予了更多价值，人的死亡也是。说回素食主义，辛格曾问：如果鱼会尖叫，我们还会吃它们吗？也许吧。毕竟养殖业力图让我们远离动物被杀死的场景，这样我们便看不到它们的情绪与我们的是何等相似。

鸡肉晚餐

想象以下场景：一位行为艺术家邀请观众上台吃晚餐。落座后，艺术家给每人端来一个银质的托盘。打开盖子后，观众发现里面有一只被捆起来、还活着的鸡。观众被告知可以享用晚餐，但前提是得自己杀鸡。

表演的重点在于将杀戮行为和进食行为联系起来。或许有许多人觉得“鸡不会感到疼痛”或“鸡没有情绪”，但当真正面对这些活着的“食物”时，这些观点就一下子不攻自破了。这也是伦理学变得“实用”的一个经典例子：真正践行伦理立场比说说而已要困难得多，而其中的困难往往源于一些一厢情愿、脱离实际的理论或想法。并不是动物感觉不到疼痛，而是我们更希望它们感觉不到，这样就可以大快朵颐了。你也有一些只为自己的方便而非出于信念的道德立场吗？

气候问题

为什么人类与其他物种生命价值的比较变得越来越重要?《动物解放》写于1975年，那时已经有了一些有关气候变化的文章，但它尚未成为像现在这样紧迫的问题。虽然辛格认为人类对动物的统治和对动物造成的痛苦使世界变得更糟，但他在书中并没有提到对环境的影响。

后来的许多素食主义或纯素食主义者指出，食用肉类会对环境造成破坏性影响。层架式鸡笼中饲养的母鸡的粪便会污染河流，饲养一头牛所需的土地面积远远超过生产等量的植物蛋白（如大豆）和种植蔬菜等所需的土地面积。

环境伦理学或许已经成为应用伦理学中最重要的领域。

而这个问题的核心是人类中心主义。

人类中心主义

什么是人类中心主义？简而言之，它主张人类是地球生命的中心，或许也是地球上最重要的存在。人类中心主义还认为，人类的生命具有内在价值，所有其他生物和非生物（非人类的动物、植物、矿产、土地、海洋，甚至行星）都可以为了人类的利益而被利用。长期以来，它们也被视为取之不尽、用之不竭的资源，因此人类活动没有受到任何控制。

当然，按人类中心主义的观点来看，100只猴子的生命和4万人的生命相比，根本算不了什么。

关心环境伦理问题的人不必拒绝人类中心主义的观点。长久以来的哲学和宗教思想传统都认为人类有独特的能力，以及相应的义务来照顾地球家园（无论是怎样"照顾"）。好比你有一个花园，你可能会"开发"其中的一小部分来种蔬菜，但这也是你对花园和你自身的培育。人类将自身视作生态系统的一部分和它仁慈的向导。

没有人类的世界

越来越多人倾向于认为，人类中心主义的价值观带来了很多负面影响。人们开始反思一些一直以来被视作人类成就的东西。我们能适应地球上的各种环境，于是定居各地；我们掌握了一些技术，比如内燃机，却造成了污染，并用公路和铁路铺满大地（还有进军天空的飞机）；我们有能力征服疾病，从而拥有了超过绝大多数物种的人口规模。

一些观点甚至认为，如果没有人类，地球会“更好”。这很难证明，毕竟没人能看到没有人类的世界。不过，有关气候变化的现有观点表明，我们有必要限制或大幅改变一些人类活动，并重新与生态系统建立健康的关系。但即便我们同意这一观点，仍有许多伦理问题需要考虑。

部分人的革命?

许多环境伦理学家将工业革命作为人类与环境的关系改变的关键节点。虽然工业革命并不一定意味着人类对自然的态度的改变（如果尼安德特人能使用大型钻头开洞，他们肯定也会这么做），但当时的机器与技术使人类能更全面、更迅速地“征服”自然。

不过，并非所有人都经历了这一改变，工业革命是西方主导的事件。在如今人们呼吁环境保护的同时，许多非西方国家正在崛起，并认为自己有权享有西方已经获得的经济利益。

已从工业化受益的国家现在是否有权对其他国家施加限制？这是另一种形式的文化帝国主义吗？

对大部分承认气候变化问题的人来说，解决方案必须是全球性的。而在利益冲突的现实世界里，该怎么做到这一点，又如何落实呢？

弗兰肯斯坦的孩子

在第四章，我们思考了干细胞研究的问题。如今，生物伦理学（对生物医学中伦理问题的研究）变得越发重要，因为新技术使得对自然界限的超越成为可能。人类可以延续生命或结束生命（堕胎、安乐死），以及彻底改变生命（克隆、器官移植和人工智能等）。我们还不能像弗兰肯斯坦博士那样让生命死而复生，但他所面临的许多问题已经进入我们的世界。

对许多人来说，医学伦理问题是非常情绪化和个人化的。在美国，堕胎已经成为政治问题，安乐死也是如此。对一些人来说，它意味着痛苦的结束；对另一些人来说，它与优生学类似，同意放弃被认为“不够有价值”的生命。

可以肯定的是，今天的我们需要更多而非更少的伦理思考。和大多数人一样，医疗业倾向于由好的结果驱动——从一只羊身上克隆出另一只羊无疑是令人兴奋的。但技术的潜在影响可能滞后于技术本身。

回归自身

面对这些棘手的全球性问题，作为个人又该如何回应呢（假设我们认为自己应该做点什么）？想象你刚向一个环保组织捐了款。只要这是一个合法组织，许多人都会认为这是一件好事。但也有人认为，就像捐助有需要的人一样，如果你作为个人做了这件事，那么政府就可以不去承担相应的责任，也更有可能不去承担相关责任。在捐助无家可归者时，你可能首先会担心，这笔钱是否会用来购买成瘾物质？成瘾往往是导致无家可归的原因之一。

其次，选择捐助是否在某种程度上加强了“无家可归是个人责任”的观点，而非将其作为一个亟须解决的社会问题？但为了推动改革，你是否应该拒绝眼前这个需要帮助的个体呢？这听起来很残酷，特别是在社会改革尚未发生的情况下。你或许觉得自己通过拒绝捐款表达了政治立场，但可能也不太确定这能否真的为那个饿肚子的人带来好处。

点击行动主义

网络时代为我们带来了新的伦理热点，即“点击行动主义”，又称“键盘侠”现象。假设你刚在网上捐了一笔钱。当时你正在喝咖啡，但你并不确定这杯咖啡的生产方式是否符合伦理标准，据可靠的消息来源，生产这杯咖啡需要140升的水。你的笔记本电脑来自一个工人每小时的收入比这杯咖啡的价钱还低的国家。你开着暖气，因为现在是冬天，你很冷。完成工作后，你打算出去吃饭，开车去吧。去餐馆的路上，你可能会遇见无家可归的人，今晚你打算吃牛排。结账时，你会想想是否要付小费，但现在大家都不带现金了，所以就算了吧。

……

我们每天都在被道德困境包围。当有人问你是否关心环境时，你可能会说：“是啊，我今天下午刚捐了一笔钱。”但如果他们邀请你参加反对化石燃料的周末集会，你或许会觉得没有必要，毕竟你已经捐过钱了。

社会中的伦理学

所有的例子都表明，伦理学无处不在。即使是喝咖啡这样一件小事也可能产生道德影响。有一种处理方式是忽视这些后果和影响，一切岁月静好。

但这么做有个大问题——把道德决策的权力交了出去。于是，我们大多数时候可能都过得很开心，但被某些决策困扰或冒犯时，就没有太大余地了。归根结底，所有的政治决策或许都是伦理决策，关乎我们如何生活。

什么是议会？制定规则的机构。但政府的主要任务是改变规则，使其适应社会的变化或政府的希望。在某种程度上，这些改变是没完没了的修修补补，而我们可以试着让这些修修补补更接近自己的伦理信念。

困惑的亚里士多德

伦理学也发生在我们的日常生活中。在工作场合，我们常常得做出道德选择：该与哪些人或公司建立联系，是否可以带一些订书钉回家？看到托比带订书钉时，应该举报他吗？应该承认自己犯的错误吗？是否要吃掉茶水间里的最后一块饼干呢？其中一些看起来不太重要，另一些则的确不太重要。

但大多数伦理学家（义务论者、结果论者、美德伦理学家）都认同以下观点：通过思考这些问题并采取行动，我们不仅完成了一项任务，也为他人树立了榜样。对义务论者来说，我们给出了能做什么或不能做什么的示范。对结果论者来说，我们所做的是我们认为对每个人都最好的选择。对美德伦理学家来说，我们展示了心目中一个有美德的人的样子，并在努力成为那个样子。

伦理学最吸引人的地方在于，伦理规则既不断变化，也保持不变。我们今天思考的很多东西会让亚里士多德感到困惑，但思考的方式会让他感到熟悉。

实践伦理学

那么，要想实践一种伦理的生活，有什么实用的建议或技巧呢？

首先，在做出道德选择时，我们需要仔细权衡哪些因素是最重要和最相关的，哪些次要或不相关，甚至可以列出一个清单。这一过程有时候很难，有时候很简单。需要特别注意我们自身的偏见——那些我们奇迹般地认定为正确答案的选择，往往只是对自己最有利的选择。

其次，我们还需要考虑后果。同样，也可以试着列出一个清单。正如我们之前看到的，结果往往很难判断，我们并不总能预测正确（猜对了才怪）。但凭借阅读和经验，我们能意识到更好的选择。

同样值得考虑的是，我们的选择是否具有普遍性：这一选择是否符合我们理想中的世界？我们愿意别人对我们做相同的事吗？

还需考虑这一决定如何反映和（或）发展我们的品格。如果我们想成为有美德的人，即将做出的选择能否帮助我们实现这个目标？做出选择之后，我们感到安心吗？如果必须将它告诉全世界，我们能坦然照做吗？如果不，又为什么呢？

做出决定之后，我们需要在道德一致性和根据新的事实或情况做出调整之间找到平衡。做出决定后，我们都希望自己能向他人和自己给出合理的解释。通常，一旦做出了正确的决定，我们会感到宽慰，因为我们知道自己可以证明它是正确的。但如果情况发生变化，我们也需要灵活应变。如果无视所有事实和证据，一个决策便不再合乎道德。当然，伊曼努尔·康德不会同意这点。

让-保罗·萨特从未告诉我们他的学生做出了怎样的决定。只是他本人曾加入法国军队，当了九个月的战俘。获释后，萨特加入抵抗运动，参与致力于解放被占领的法国的地下组织。随后他主张通敌者应该被暗杀。

他还指出了纳粹侵略者那些令人不安的道德“正确性”：“他们会在地铁上给老太太让座。他们很喜欢孩子，会轻拍他们的脸颊。他们举止得体……”萨特认为，通过遵守法国的礼仪，纳粹渐渐掩盖了入侵的事实，让巴黎人也变成共谋。萨特问：“如果纳粹给你开门，你会怎么做？”

对萨特来说，实践伦理学是一种日常的亲身体验。希望我们中的大多数都不会面临他和许多人曾面临的道德困境。但即使不会，我们也需要让承担道德责任成为自己的一部分。这就是学习伦理学的意义所在。

听起来可能有点累，康德可能也会去拿最后一块饼干吧。但是，正如我们所说，如果你不去倡导自己的伦理观，别人也会这么做。而且我敢打赌，你会做得更好……

结　语

所以，也许尼各马可又没整理好自己的房间，不过他父亲的建议或许可以再简洁一点——十卷的确有点太多了。但它们也的确开创了哲学思想中最迷人、历久与实用的领域之一。

由此也诞生了这样的问题：我们该做些什么？又该怎么做？这样做意味着什么？为什么有个声音在我耳朵里告诉我做错了？那个告诉我做对了的声音又是哪儿来的？

几千年来，人类一直在思考这些问题，在未来的几千年里想必也是如此。只要房间里有两个人，就会有需要解决的道德困境。它们囊括了有关人类存在的一切，从关于礼节的“小伦理”到地球生命未来的大问题。但对每个人来说，有一个问题仍然是最重要的：

我该如何生活？

T 文库系列

人与机器人
HALLO ROBOT: DE MACHINE ALS MEDEMENS

二进制改变世界
ZEROES & ONES: THE GEEKS, HEROES AND HACKERS WHO CHANGED HISTORY

哲学的 100 个基本
哲学 100 の基本

数字只说 10 件事
NUMBERS - 10 THINGS YOU SHOULD KNOW

大脑只说 10 件事
THE BRAIN - 10 THINGS YOU SHOULD KNOW

耶鲁音乐小史
A LITTLE HISTORY OF MUSIC

你想从生命中得到什么
WHAT DO YOU WANT OUT OF LIFE?

你家胜过凡尔赛
OTRA HISTORIA DE LA ARQUITECTURA

名画无感太正常
OTRA HISTORIA DEL ARTE

从弓箭头到鼠标箭头
LO QUE SUEÑAN LOS ANDROIDES

小开本 CNπ QS α T
轻松读 文库

产品经理：姜　文
视觉统筹：马仕睿 @typo_d
印制统筹：赵路江
内文排版：程　阁
版权统筹：李晓苏
营销统筹：好同学

豆瓣 / 微博 / 小红书 / 公众号
搜索「轻读文库」

mail@qingduwenku.com